本书编委会

主编：普园媛

编委：岳　昆　谭明川　张　浩　杨志柳

袁国武　刘松岩　龚　健　林　玲

艺体版

人工智能通识教程

General Course of Artificial Intelligence

普园媛　主编

·昆明·

图书在版编目（CIP）数据

人工智能通识教程 ： 艺体版 / 普园媛主编.
昆明 ： 云南大学出版社, 2025. -- ISBN 978-7-5482
-5575-8

Ⅰ. TP18

中国国家版本馆CIP数据核字第2025AH7989号

策划编辑：陈 曦
责任编辑：张辛芃
封面设计：刘 雨

艺体版

人工智能通识教程

RENGONGZHINENG TONGSHI JIAOCHENG
（YITIBAN）

主编 普园媛

出版发行：云南大学出版社
印 装：昆明理煋印务有限公司
开 本：787mm×1092mm 1/16
印 张：12.75
字 数：213千字
版 次：2025年8月第1版
印 次：2025年8月第1次印刷
书 号：ISBN 978-7-5482-5575-8
定 价：49.00元

社 址：云南省昆明市一二一大街182号（云南大学东陆校区英华园内）
邮 编：650091
电 话：（0871）65031070 65033244 65031071
网 址：http://www. ynup. com
E-mail：market@ynup. com

若发现本书有印装质量问题，请与出版社联系调换，联系电话：0871-65031057。

前 言

随着人工智能技术的持续进步与创新，其应用已广泛拓展至众多领域，对社会结构、经济发展、政治生态以及国际关系产生了深刻的影响。高等院校开展人工智能通识教育已成为顺应时代发展的必然趋势。该举措旨在全面提升高校学生的人工智能素养，使其深入理解人工智能的基础原理、应用场景以及社会影响，进而更好地满足智能化社会的发展需求；为各学科专业人才融入人工智能思维，提升他们运用人工智能技术解决专业领域实际问题的能力；引导高校学生以理性的态度审视技术应用过程中涉及的伦理与社会风险，树立负责任的科技价值观，以从容应对未来可能面临的挑战。

本书深入介绍了人工智能技术在艺术创作与体育竞技领域的创新应用及其为上述领域带来的根本性变革。本书以艺术与体育的实际案例为教学导向，将技术转化为“可感知的创作语言”，为学习者构建三维人工智能认知视角。在技术层面，重点阐释了自然语言处理、智能语音处理、图像处理与计算机视觉、人工智能生成内容等人工智能核心科技；在艺术层面，探讨了人工智能从新工具演变为创意伙伴，进而成为社会镜像的演进过程；在体育层面，从运动数据分析入手，阐释其技术原理，并最终指向助力竞技水平的提升。

本书在云南大学人工智能通识教材编写委员会的指导下编撰完成，属于云南大学人工智能系列通识教材中的艺体版教材，旨在面向艺术和体育专业学生开展人工智能通识教育。普园媛教授担任全书主编，拟定了全书架构、技术范畴以及写作规范，并对全书进行了细致的修改与统稿。岳昆、武浩、段亮负责第 1 章人工智能概述、第 2 章深度学习、第 3 章大模型的撰写；谭明川、张浩负责第 4 章自然语言处理的撰写；杨志柳负责第 5 章智能语音处理的撰写；袁国武负责第 6 章图像处理与计算机视觉的撰写；刘松岩负责第 7 章人工智能生成内容的撰写；龚健和林玲负责第 8 章人工智能赋能艺体行业转型升级的撰写。本书在编写过程中，得到了云南大学出版社的大力支持与协助。在此，对参与撰写、审校和出版过程的各位老师的辛勤付出致以诚挚的谢意。

编撰团队在撰写本书的过程中，积极面对人工智能给教育领域带来的挑战，群策群力，终成本书。由于编撰者水平有限，书中难免存在不足之处，敬请读者和同行提出宝贵意见。

编　者

2025 年 7 月

目 录
CONTENTS

1 人工智能概述

人工智能（Artificial Intelligence, AI）是新一轮科技革命和产业变革的重要驱动力量，是研究、开发用于模拟、延伸和扩展人的智能的理论、方法及应用系统的一门新兴技术科学。人工智能的研究领域和应用场景广泛，涵盖了语言理解、问题解决、学习、认知和决策等多个方面，横跨了从日常生活到工业生产的诸多领域，融合了计算机科学、数学、心理学、神经科学、语言学、工程学、哲学、经济学等多个学科的知识和方法，旨在利用算法和数据构建能够表现出人类智能的系统，使计算机能够以类似于人类的方式思考、学习、解决问题，并执行复杂的任务。人工智能正在从技术探索迈入规模化应用，已成为当前国际竞争的关键领域。人工智能技术不仅将成为工业、农业和服务业全面智能化的驱动引擎，还将在日常生活的各个方面产生深远影响。本章介绍人工智能的概念和发展历程，以及人工智能伦理的概念、挑战和存在问题的解决路径。

1.1 人工智能概念

1.1.1 人工智能核心目标

人工智能的研究目标是通过模拟人类智能，使计算机系统具备以下能力：

①**语言理解：**使计算机系统能够理解和生成自然语言，包括词汇匹配、语义分析、上下文理解和情感识别。例如，当代自然语言处理技术已经能够理解复杂的句

子结构，并在多语言环境中进行翻译。

②**问题解决**：使计算机系统能够通过逻辑推理和数据分析解决复杂问题。不仅限于求解数学问题，还可参与商业、工程和科学中的复杂决策过程。例如，人工智能可以通过分析大量数据，从而帮助企业优化供应链管理或预测市场趋势。

③**学习**：使计算机系统能够从数据中自主学习和改进，是人工智能的核心。通过不断进行数据输入和反馈，人工智能可以逐步提高其性能和准确性。例如，推荐系统通过分析用户的历史行为，为用户提供个性化的内容推荐。

④**认知**：使计算机系统能够感知和理解环境，人工智能可以像人类一样感知周围的世界，并做出相应的反应。例如，自动驾驶汽车通过摄像头和传感器感知道路情况，并做出驾驶决策。

⑤**决策**：使计算机系统能够基于数据和规则做出智能决策，这不仅依赖于数据分析，还需要结合逻辑推理和预测模型。例如，在金融领域，人工智能通过分析市场数据做出投资决策。

1.1.2 人工智能研究领域

人工智能具有非常广泛的研究领域，应用于多个“智慧+”场景，主要涵盖：

①**机器学习**（Machine Learning）：人工智能的核心技术之一，旨在通过数据训练模型，使计算机能够自主学习和改进。机器学习算法包括监督学习、无监督学习和强化学习等。监督学习通过标注数据进行模型训练，无监督学习通过未标注数据进行模式识别。强化学习是一种通过试错和奖励机制进行学习的方法，广泛应用于游戏、机器人控制和自动驾驶等领域，如强化学习算法可以通过不断试错和反馈，优化机器人的控制策略。

②**自然语言处理**（Natural Language Processing）：人工智能的一个重要领域，旨在使计算机能够理解、生成和处理人类语言。自然语言处理技术包括文本分类、情感分析、机器翻译和问答系统等。例如，现代语言模型能够生成高质量的文本内容，甚至能够进行创作和编辑。

③**计算机视觉**（Computer Vision）：人工智能的另一个重要分支，旨在使计算机能够理解和分析图像和视频内容。计算机视觉技术包括图像分类、目标检测、

图像分割和图像生成等。例如，计算机视觉技术可以用于自动驾驶汽车的环境感知和安防监控。

④智能机器人（Intelligent Robot）：结合了人工智能技术和机器人技术，旨在开发能够自主执行任务的机器人。例如，工业机器人可以在生产线上执行精确的装配任务，而服务机器人可以在酒店和医院中提供客户服务。

⑤深度学习（Deep Learning）：机器学习的一个分支，通过使用多层神经网络进行特征学习并解决复杂问题，在计算机视觉、自然语言处理和语音识别等领域取得了显著成果。例如，深度学习模型通过分析大量的医学影像，帮助医生诊断疾病。

⑥知识工程与推理（Knowledge Engineering & Reasoning）：专注于构建和维护能够模拟人类专家解决问题能力的知识系统，其核心目标是通过结构化表示现实世界知识，并赋予机器类人推理能力。典型技术包括将海量数据转化为关联网络的知识图谱，以及基于规则推理的专家系统。该领域还致力于突破传统统计分析的局限性，通过因果推断技术揭示变量间的内在关系。例如，在实际中为智能搜索引擎和企业决策大脑等应用提供支撑，解决金融风控和法律条文解析等依赖相关领域知识的复杂问题。

⑦伦理与安全（AI Ethics & Safety）：保障技术可控性、可持续性的关键研究方向，其首要任务是消除算法偏见、确保技术应用的公平性。在可解释性方面，多项技术被用于破解深度学习模型的“黑箱”决策逻辑，以满足医疗诊断和司法量刑等场景的透明度要求。例如，在对抗安全方面聚焦防御恶意攻击，针对自动驾驶系统的对抗样本欺骗，通过对抗训练提升模型鲁棒性。

1.1.3 人工智能分类

人工智能作为一个复杂而多元的领域，按照技术、任务、目标、范围等不同维度可以分为不同的类别。本节从这些不同的分类标准出发，介绍人工智能的多样性及其在实际应用中的体现。

(1) 按计算机能力分类

①弱人工智能（Weak AI）：计算机只能在特定任务上表现出智能，但无法理

解人类智慧的通用性，通常专注于语音识别、图像识别或自然语言处理等某一特定领域。弱人工智能通过大量数据的训练，能够在特定任务上达到甚至超过人类的水平，但无法像人类一样进行跨领域的推理和学习。

②**强人工智能（Strong AI）：**计算机能够完成任何人类智慧所能完成的任务，并且能够理解人类智慧的本质，具有通用性，能够像人类一样进行推理、学习和创造。强人工智能的实现将彻底改变人类社会的运作方式，但其发展也面临着伦理和技术上的巨大挑战。

（2）按学习方式分类

①**监督学习（Supervised Learning）：**通过预先提供标注好的训练数据，让计算机学习输入与输出之间的映射关系，在图像识别和语音识别等领域得到了广泛应用。

②**无监督学习（Unsupervised Learning）：**不依赖预先标注的数据，而是通过数据本身的结构和分布来发现隐藏的模式，在聚类分析和异常检测等领域有重要应用。

③**半监督学习（Semi-supervised Learning）：**结合了监督学习和无监督学习的特点，通过少量标注数据和大量未标注数据进行训练，在数据标注成本较高的场景中具有显著优势。

（3）按技术方法分类

①**机器学习：**人工智能的核心技术之一，通过从数据中学习得到模型，并使用模型完成预测或分类任务，包括监督学习、无监督学习、半监督学习和强化学习等多种方法。

②**自然语言处理：**研究如何让计算机系统理解、生成和处理人类语言。近年来，随着深度学习技术的发展，自然语言处理取得了显著进展。

③**计算机视觉：**研究如何让计算机系统从图像、视频等视觉输入中提取有意义的信息，并据此进行决策或提供建议，包括图像识别、目标检测、图像分割和图像生成等。

④**语音识别：**研究如何让计算机系统识别和转换人类语音，包括语音助手和声纹验证等典型任务。近年来，深度学习技术的应用使语音识别的准确率大幅提升。

⑤**机器人技术**：研究如何让机器人执行复杂的任务（如操作、导航和完成物理任务）。随着人工智能和机器人技术的不断发展及紧密结合，智能机器人将在工业生产、医疗卫生、交通运输等各种领域得到更广泛的应用。

⑥**智能控制**：研究如何让计算机自动控制复杂的系统（如机器人、航空器和工业过程），通常结合了机器学习、优化算法和控制系统。

（4）按任务类型分类

①**推理型人工智能**：以推理为主要任务，通过知识推理来解决问题，通常结合了逻辑推理和知识表示。例如，医疗诊断系统通过推理患者的症状和病史进行诊断，智能客服系统通过推理用户问题提供答案。

②**学习型人工智能**：以学习为主要任务，通过对数据的学习来实现人工智能的目标，通常结合了机器学习和深度学习技术。例如，大语言模型通过学习大量文本数据生成自然语言文本，图像识别模型通过学习大量图像数据实现高精度的图像分类。

③**控制型人工智能**：以控制为主要任务，控制着机器人、智能系统或其他设备的行为，通常结合了强化学习和控制系统。例如，自动驾驶汽车通过智能算法实现车辆的自主驾驶，智能机器人通过控制算法实现机器人的自主操作。

④**创造型人工智能**：以创造为主要任务，通过创造新的知识和产品来实现人工智能的目标，基于生成对抗网络、Transformer架构、扩散模型等生成文本、图片、声音、视频、代码等内容，包括AI绘画、音乐创作、新闻生成、文案创作等。

（5）按目标分类

①**应用型人工智能**：以实现特定的应用场景，如图像识别、语音识别、机器翻译等为目标，这些系统通常专注于某一特定领域的任务，并通过大量数据的训练来优化性能。

②**研究型人工智能**：以研究人工智能的理论、模型和技术，如深度学习、强化学习、模式识别、计算机视觉等为目标，帮助人们更好地理解人工智能，并为未来的应用提供理论和技术基础。

（6）按范围分类

①**基于规则的人工智能**：通过明确定义规则来实现智能，通常用于简单的决策

系统。例如，医疗专家系统通过预定义的规则进行疾病诊断，税务审计系统通过规则判断税务申报是否合规。

②**基于知识的人工智能：**通过学习来推导知识，并能够根据知识进行推理，通常结合了机器学习和知识图谱技术。例如，智能问答系统通过知识图谱回答用户问题，智能推荐系统通过用户行为数据推导用户偏好。

1.1.4 人工智能学科关系

人工智能的发展，已成为在当今数字化时代多学科交叉融合的典范，相关学科关系如图 1.1 所示。人工智能核心支撑源于计算机科学与数学的深度融合，计算机科学通过算法设计、分布式计算和系统架构，为机器学习与高性能模型训练提供驱动力；数学则通过线性代数、概率论和优化理论，构建了人工智能模型的理论基础与计算框架。神经科学和心理学从生物认知维度注入灵感，神经科学对人脑机制的研究启发了卷积神经网络、注意力机制和强化学习等核心算法，心理学则通过认知模型与情感计算理论优化人机交互设计，使人工智能系统更贴近人类思维与情感响应。

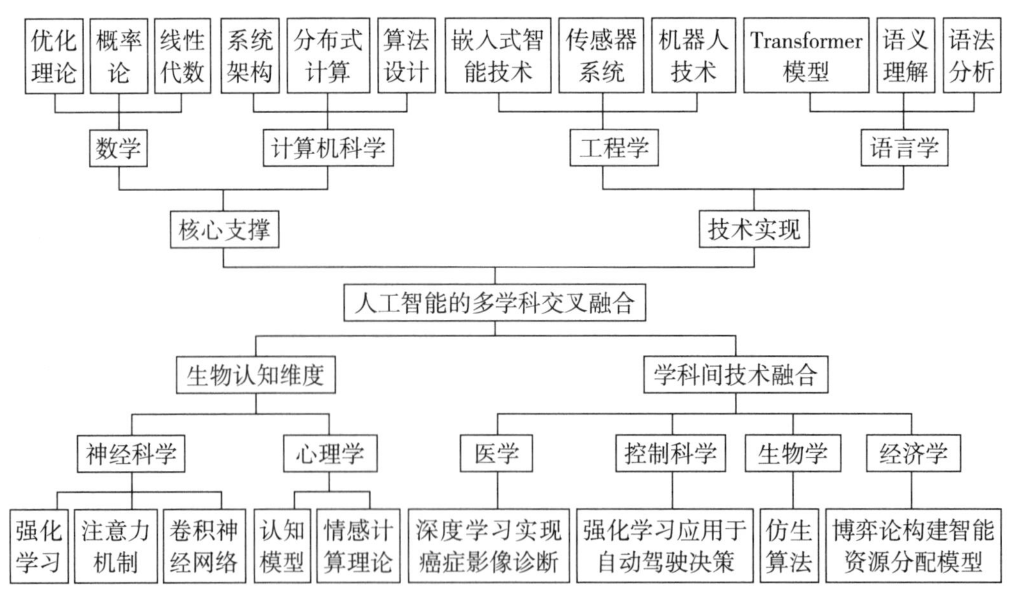

图 1.1　人工智能学科关系

在技术实现层面，语言学为自然语言处理奠定了语法分析与语义理解的基础，推动了Transformer等模型的技术突破；工程学通过机器人技术、传感器系统和嵌入式智能技术，将人工智能理论转化为可落地应用。学科间的技术融合呈现出多样化的路径，例如，生物学通过仿生算法优化系统设计，控制科学将强化学习应用于自动驾驶决策，医学利用深度学习实现癌症影像的诊断，经济学则借助博弈论构建智能资源分配模型。

人工智能的应用体系可划分为基础层、感知层和决策层，形成从数据感知到智能决策的完整链条。基础层包括数学建模与算力架构，感知层涵盖计算机视觉与多模态语言处理，决策层涉及机器人控制与金融预测。同时，人工智能的发展也引发了哲学与社会层面的深度思考，在伦理框架中需平衡算法公平性与隐私保护，在社会影响层面需预判就业结构变革并设计智慧城市中的人机协作模式。这种跨学科特性不仅推动了技术进步，更要求技术发展与人类社会价值形成动态平衡，彰显了人工智能作为通用技术对文明演进的多维度塑造力。

1.2 人工智能发展历程

人工智能已成为当前全球关注的焦点，正在深刻地改变我们的生活和工作方式，其发展历程丰富而曲折，经历了多次兴衰起伏，如图 1.2 所示。

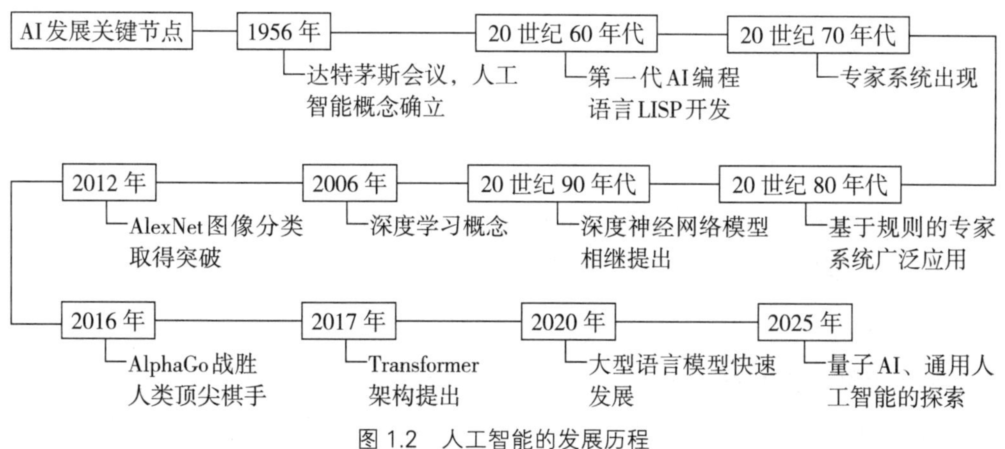

图 1.2　人工智能的发展历程

人工智能的萌芽可追溯至20世纪中叶，这一时期以哲学思辨与技术突破为特征。1950年，英国数学家艾伦·图灵在《计算机器与智能》中提出“图灵测试”，为机器智能的判定确立了首个科学标准。1956年，达特茅斯会议正式将“人工智能”确立为独立学科，约翰·麦卡锡和马文·明斯基等学者提出了“让机器模拟人类智能”的目标。人工智能的早期研究以符号主义为核心，纽厄尔与西蒙开发的“逻辑理论家”程序首次实现数学定理的自动证明。1958年诞生的LISP语言成为首个专为人工智能设计的编程语言，其符号处理特性为专家系统开发奠定了基础。这一时期的人工智能应用充满理想主义色彩。例如，1966年约瑟夫·魏泽堡开发的ELIZA聊天机器人通过模式匹配技术模拟心理咨询；1968年斯坦福研究所的Shakey机器人整合视觉传感器与路径规划算法，首次实现自主环境导航。然而，早期计算机运算能力有限，符号系统在物理推理测试中频频失败，明斯基提出的“框架问题”揭示了符号主义在常识表达上的缺陷，而1966年美国政府发布的ALPAC报告则指出，机器翻译的高错误率，使人工智能首次进入“寒冬”。

1973年英国数学家詹姆斯·莱特希尔的评估报告指出，符号系统在现实场景中的表现远低于预期，导致美国国防部高级研究计划局大幅削减资助。20世纪70年代的人工智能“寒冬”成为学科发展的重要转折点，催生了技术创新。80年代专家系统的崛起开辟了新的路径。例如，斯坦福大学开发的MYCIN系统通过500条医学规则实现血液感染诊断，准确率与人类专家相当。与此同时，连接主义逐渐挑战符号主义的主导地位。1982年约翰·霍普菲尔德提出新型神经网络模型，解决了旅行商问题等组合优化难题；1986年杰弗里·辛顿公布反向传播算法，突破了多层神经网络训练的技术壁垒。至90年代，算法呈现多元化发展。1995年弗拉基米尔·万普尼克提出的支持向量机在文本分类任务中超越神经网络；1998年Yann LeCun实现的卷积神经网络，已能准确识别银行支票手写数字；1997年赫伯特·施米特胡伯和尤尔根·施米特胡伯提出的长短时记忆网络被广泛应用于时间序列预测、自然语言处理等领域。

随着互联网技术的快速普及、数据采集和存储技术的迅速发展，计算机科学由“以计算为中心”发展到“以数据为中心”，大数据为人工智能提供了丰富的资源，数据洪流彻底重塑了人工智能的发展轨迹，人工智能也成为大数据分析的核心引擎。2004 年，MapReduce启发了Hadoop开源分布式计算框架，使PB级数据处理成为可能；2009 年，ImageNet数据集推动了计算机视觉技术的发展。2012 年，AlexNet在ImageNet数据集上取得最佳结果，其采用的GPU并行训练策略使神经网络层数首次突破 8 层，标志着深度学习在图像分类领域的重大突破。2017 年，Transformer模型通过自注意力机制突破了序列建模的时空限制；2018 年，BERT模型在 11 项自然语言任务中刷新纪录，预示预训练大模型时代的到来。深度学习技术在多领域实现爆发式应用。例如，2020 年DeepMind的AlphaFold 2 在蛋白质结构预测竞赛中达到92.4%的准确率；特斯拉Autopilot系统通过 100 万辆车的实时数据迭代，使自动驾驶事故率降低 40%；GPT-3 模型凭借 1750 亿参数实现复杂创作，展现了生成式人工智能（Generative AI）的潜力。

当前，人工智能正经历从专用到通用的范式迁移。2023 年发布的GPT-4 模型通过思维链（Chain of Thought）技术实现多步骤数学推理，并在考试中取得优异成绩。量子计算为人工智能注入新动能。例如，中国“九章”光量子计算机在特定任务上实现了传统超算需 6 亿年才能完成的计算。具身智能（Embodied Intelligence）领域取得显著进展。例如，宇树科技的智能机器人已能完成各项高难度动作，特斯拉的Optimus Gen-2 已能操作精密仪器，标志着机器与物理世界交互能力的飞跃。

人工智能的发展历经 70 余年，始终沿着“理论构想—硬件支撑—算法创新—场景落地”主线不断演进。从早期的符号主义到如今以深度学习为代表，算法的持续革新、算力的指数级提升、数据处理能力的飞跃，推动人工智能从专用领域迈向通用智能。关注应用、构建模型、收集数据、系统实现，成为当代人工智能不可或缺的四个要素。在这一过程中，人工智能已超越传统工具的范畴，开始深刻影响人类的认知模式与技术伦理，不仅改变了人们对世界的理解，也在重塑社会规则与价值体系。

1.3 人工智能伦理

随着人工智能的广泛应用，一系列伦理问题也日益凸显，引发了全球范围内的关注和讨论。这些问题不仅关系到个人权利和社会公平，还涉及人类的未来发展方向。因此，探讨人工智能伦理、寻找应对伦理挑战的路径，已成为当今社会亟待解决的重要课题。

1.3.1 人工智能伦理问题与风险

人工智能伦理问题与风险是指人工智能技术在发展和应用过程中，因数据隐私泄露、算法偏见、责任归属不明、技术性失业、超级智能失控及网络犯罪等引发的道德困境和潜在危害。这些问题涉及数据使用、算法公平性、责任界定、社会影响及意识形态等方面，需通过法律法规、技术手段及社会共同努力加以应对。为了更全面地分析人工智能伦理问题，本节将人工智能伦理问题分为个人层面、社会层面、环境层面、人工智能系统生命周期相关这四个部分进行介绍。

（1）个人层面的人工智能伦理问题

个人层面的人工智能伦理问题主要涉及人工智能对个人安全、隐私、自主性和人格尊严的影响，这些问题是人工智能伦理讨论中最受关注的部分，直接关系到每个个体的权利和福祉。

①**个人安全：**自动驾驶汽车的安全事故是个人安全问题的典型案例。自动驾驶技术虽然在理论上可以减少人为错误导致的事故，但技术本身的不完善和外部环境的复杂性可能导致新的风险。例如，自动驾驶系统在面对复杂的交通场景时可能出现决策失误，直接威胁到乘客和行人的生命安全。此外，智能家居设备的安全性也值得关注，如果这些设备被黑客攻击，可能会导致家庭环境的不安全，甚至危及居民的生命。

②**隐私保护：**人工智能系统对个人数据的收集和处理是隐私问题的核心。随着大数据技术的发展，人工智能系统需要大量的个人数据来进行模型训练和优化。然而，这些数据的收集和使用往往缺乏足够的透明度和用户控制。例如，社交媒体平台通过用户的行为数据训练推荐模型，但用户可能并不清楚自己的数据被如何使用，甚至可能在不知情的情况下被用于商业目的。此外，生物识别技术的应用也带来了新的隐私挑战。例如，指纹和面部识别等生物特征数据一旦泄露，将对个人隐私造成不可挽回的损害。

③**自主性和人格尊严：**基于人工智能的决策系统可能限制个人的自主权和人格尊严。例如，在招聘、贷款审批等领域，人工智能技术可能会根据预设标准对个人进行评估和筛选。然而，这些算法可能无法充分考虑个人的独特性和复杂性，从而导致不公平的决策。此外，过度依赖人工智能系统可能导致人类自主决策能力退化，进一步削弱个人自主性。例如，在医疗领域，人工智能辅助诊断系统虽然可以提高诊断效率，但如果医生过度依赖这些系统，可能会忽视患者的个体差异和主观意愿，从而影响患者的治疗体验和尊严。

（2）社会层面的人工智能伦理问题

社会层面的人工智能伦理问题关注人工智能对群体和社会的影响，不仅涉及公平与正义，还可能对社会的稳定和民主制度产生深远影响。

①**公平与正义：**人工智能算法中的偏见可能导致社会不平等加剧。例如，在司法领域，人工智能算法可能会根据历史数据对犯罪嫌疑人进行风险评估，但这些数据可能本身就存在种族或性别偏见。如果算法未能纠正这些偏见，可能会导致少数族裔或弱势群体受到不公平的对待。在就业市场中，人工智能招聘系统可能会根据候选人的教育背景、工作经验等指标进行筛选，但这些指标可能无法全面反映一个人的能力和潜力，从而导致机会不平等。此外，人工智能技术的应用可能会导致工作岗位构成发生变化，进而扩大贫富差距。例如，自动化技术可能会取代大量的低技能工作岗位，而高技能工作岗位的需求则不断增加，这可能导致贫富差距的扩大。

②**责任与问责：**缺乏透明度的人工智能系统可能引发公众对技术的不信任。当人工智能系统做出错误决策时，很难确定责任的归属。例如，在自动驾驶汽车发生事故时，责任可能涉及汽车制造商、软件开发者、数据提供者等多个主体，在这种情况下，如何明确责任和进行问责是一个亟待解决的问题。此外，人工智能系统的复杂性也增加了问责的难度。例如，深度学习算法的决策过程往往具有难以理解和解释的特点，这使得在出现问题时，很难确定是算法本身的缺陷还是数据质量问题导致的错误。

③**透明度：**透明度是人工智能伦理问题中的一个重要方面，公众有权了解人工智能系统的工作原理和决策依据，然而目前许多人工智能系统缺乏足够的透明度。例如，金融机构使用人工智能算法进行信贷评估，但这些算法的决策过程并未向用

户公开，不仅可能导致用户对金融机构的不信任，还可能引发法律纠纷。为了提高透明度，一些研究人员提出了可解释人工智能的概念，旨在开发能够解释其决策过程的人工智能系统。然而，可解释性与系统的性能之间往往存在矛盾，如何在两者之间取得平衡是一个重要的研究方向。

④**监控与数据化：**大规模监控和数据化可能侵犯公民的基本权利。随着人工智能技术的发展，政府和企业越来越多地利用监控设备和数据分析技术来收集公民的信息。例如，在智能城市的建设中，公共场所安装了大量的摄像头和传感器，用于收集交通流量、环境数据等信息。然而，这些设备也可能被用于监控公民的个人行为，从而侵犯公民的隐私和自由。此外，数据化的趋势也可能导致公民的个人信息被过度收集和滥用。例如，一些公司通过用户的消费行为数据来预测其购买意愿，并进行精准营销。这种行为虽然在一定程度上提高了商业效率，但也可能对公民的自主权造成威胁。

⑤**人工智能的可控性：**人工智能系统的可控性是社会层面的人工智能伦理问题中的一个重要方面。随着人工智能技术的不断发展，其复杂性和自主性也在不断提高。例如，一些高级的人工智能系统可能会根据环境的变化自主调整其行为模式。然而，这种自主性可能会导致系统的不可控性。例如，如果人工智能系统的目标函数被错误设定，或者系统在学习过程中受到恶意数据的影响，可能会导致其行为偏离人类的预期。在这种情况下，如何确保人工智能系统的可控性是一个亟待解决的问题。一些研究人员提出了“价值对齐”的概念，即在设计人工智能系统时确保其目标与人类的价值观一致。然而，如何定义和实现价值对齐仍然是一个开放性问题。

⑥**民主与公民权利：**人工智能技术的发展对民主制度和公民权利产生了深远影响。例如，社交媒体平台上的算法推荐系统可能会影响公众对信息的获取和传播，如果这些算法被恶意利用，可能导致虚假信息的传播，从而影响公众的判断和决策。此外，人工智能技术也可能被用于操纵选举。例如，通过分析选民的行为数据，预测其投票意愿，并进行有针对性的宣传，这种行为不仅违反了民主原则，还可能对社会稳定造成威胁。为了保护公民权利和民主制度，需要加强对人工智能技术的监管和规范。

⑦**工作替代：**人工智能技术的应用可能会导致大量工作岗位的消失。例如，自

动化技术可能会取代许多低技能的制造业和服务业工作岗位，这不仅会导致失业率上升，还可能引发社会不稳定。为了应对这一挑战，需要加强对劳动力的再培训和教育，帮助他们适应新的就业环境。此外，政府部门也需要制定相应政策，以缓解人工智能技术对就业市场的冲击。

（3）环境层面的人工智能伦理问题

环境层面的人工智能伦理问题关注人工智能技术对自然环境的影响。随着人工智能系统的广泛应用，其对环境的影响逐渐受到关注。

①**能源消耗与资源利用：**人工智能系统的广泛应用需要大量的硬件设备和能源支持。例如，数据中心是人工智能系统运行的基础，但其能源消耗巨大。据统计，全球数据中心的能源消耗占全球总能源消耗的一定比例，且这一比例还在不断上升。此外，人工智能系统的训练过程也需要大量的计算资源，这进一步增加了能源消耗。为了减少对环境的影响，需要开发更加节能的硬件设备并优化算法，以降低人工智能系统的能源消耗。

②**环境污染：**人工智能技术的发展也可能导致环境污染。随着人工智能系统的不断升级，电子垃圾是人工智能硬件设备更新换代的必然产物，大量被废弃的旧设备中含有大量的有害物质，如果处理不当，可能会对环境造成严重污染。此外，数据中心的冷却系统也需要大量的水资源，这可能会导致水资源的浪费和污染。

③**可持续性：**人工智能技术的发展需要考虑其可持续性，以确保其对环境的影响最小化。例如，在设计人工智能系统时，需要考虑其生命周期的环境影响，从硬件制造到系统运行、再到设备废弃处理，都需要采取环保措施。此外，人工智能技术也可以用于环境监测和资源管理，帮助人类更好地保护地球生态系统。例如，通过人工智能算法对气候变化数据进行分析，可以为应对气候变化提供科学依据。

（4）人工智能系统生命周期相关的伦理问题

人工智能系统的生命周期包括业务分析、数据工程、机器学习建模、模型部署、运作和监控等阶段，每个阶段都可能引发特定的伦理问题。

①**业务分析：**业务分析阶段需要明确人工智能系统的应用场景和目标，这一阶段可能会出现目标设定不合理的问题。例如，如果目标函数设定错误，可能会导致系统在运行过程中偏离人类的预期。此外，业务分析阶段还需要考虑系统的社会影

响和环境影响，如果在这一阶段未能充分评估这些影响，可能会导致后续阶段出现严重的伦理问题。

②**数据工程：**数据工程阶段是人工智能系统生命周期中的关键环节，这一阶段中数据的收集和处理可能导致隐私泄露。例如，数据收集过程中可能会收集到用户的敏感信息，如果这些信息被泄露，将对用户的隐私造成严重威胁。此外，数据的质量和代表性也会影响人工智能系统的性能，如果数据存在偏差或不完整，可能会导致系统的决策不准确。因此，在数据工程阶段需要加强数据管理和隐私保护措施。

③**机器学习建模：**在机器学习建模阶段，算法的选择和训练过程可能会引入偏见。例如，一些算法可能对某些群体或特征存在歧视性，从而导致不公平的决策。此外，模型的复杂性也可能导致其难以解释。例如，深度学习模型的决策过程往往是“黑箱”，难以理解和解释，这不仅会影响系统的透明度，还可能引发公众对技术的不信任。

④**模型部署：**在模型部署阶段，算法的偏见可能影响决策的公平性。例如，在金融和医疗等领域，人工智能系统的决策可能会直接影响到个人的利益，如果这些系统存在偏见，可能会导致不公平的结果。此外，模型部署阶段还需要考虑系统的安全性和可控性。例如，如果系统被黑客攻击，可能会导致严重的后果。

⑤**运作和监控：**在运作和监控阶段，需要对人工智能系统的运行情况进行实时监控，以确保其正常运行，在这一过程中可能会出现监控不足或过度监控的问题。例如，如果监控不足，可能会导致系统出现故障或偏差而未能及时发现，而过度监控则可能侵犯用户的隐私。此外，在运作和监控阶段还需要考虑系统的更新和维护。例如，人工智能系统需要不断更新以适应新的环境和需求，以避免更新过程中出现问题导致系统的不稳定。

1.3.2 人工智能伦理指南与原则

（1）伦理指南文件

随着人工智能伦理问题的日益突出，全球范围内的公司、组织和政府相继发布了伦理指南文件，以规范人工智能的开发和应用。这些指南文件为人工智能的规划、开发、生产和使用提供了重要的指导。

2021 年，联合国教科文组织通过了《人工智能伦理建议书》，这是全球首个关于人工智能伦理的国际协议。2025 年 2 月 11 日，61 个国家签署了《巴黎人工智能宣言》，围绕“开放”“包容”和“道德”三大原则，旨在加强对人工智能治理的协调，并倡导全球对话。此外，2025 年 2 月 4 日，欧盟发布了《欧盟委员会关于禁止人工智能系统实践的指南》，对被禁止的人工智能类型进行了详细说明。2025 年 2 月 11 日，可持续 AI 联盟在巴黎人工智能行动峰会上正式成立，百度、IBM、英伟达、微软、谷歌等 30 余家知名企业宣布加盟，该联盟将重点关注环境足迹管理和人工智能促进环境可持续发展的路径。

中国在人工智能伦理治理方面也取得了显著进展。百度在 2018 年提出“AI 伦理四原则”，包括人工智能的最高原则“安全可控”，以及人工智能的创新愿景——“促进人类更平等地获取技术和能力”等价值观念，并于 2023 年成立科技伦理委员会，推出切实履行科技伦理管理主体责任、支持人工智能造福社会经济发展的举措。中国科学院自动化研究所等单位在 2025 年联合发布了全球人工智能安全指数，旨在衡量各国在人工智能安全方面的整体状况。国家新一代人工智能治理专业委员会 2019 年发布了《新一代人工智能治理原则——发展负责任的人工智能》，强调和谐友好、公平公正、包容共享、尊重隐私、安全可控、共担责任、开放协作、敏捷治理等原则，提出了人工智能治理的框架和行动指南。国家新一代人工智能治理专业委员会于 2021 年发布《新一代人工智能伦理规范》，旨在将伦理道德融入人工智能全生命周期，为从事人工智能相关活动的自然人、法人和其他相关机构等提供伦理指引，提出了增进人类福祉、促进公平公正、保护隐私安全、确保可控可信、强化责任担当、提升伦理素养等基本伦理要求，以及人工智能管理、研发、供应、使用等特定活动的具体伦理要求。

（2）伦理原则

通过对以上人工智能伦理指南文件的分析，可以总结出透明度、公正和公平、非恶意、责任和问责、隐私、可持续性、教育等伦理原则，为人工智能系统的开发和应用提供了基本的伦理框架。

①透明度原则：要求人工智能系统的决策过程必须可解释。例如，人工智能系统的决策逻辑应能够被用户理解，以增强公众对技术的信任。此外，透明度还包

括对人工智能系统的开发、部署和使用过程的公开性，确保公众能够监督技术的应用。

②**公正和公平原则：**要求人工智能系统不能对特定群体产生歧视。例如，算法设计应避免因数据集偏差而导致的不公平结果。人工智能技术也应具有普惠性和包容性，确保不同背景的人都能受益。

③**非恶意原则：**要求人工智能技术的开发和应用应以增进人类福祉为目标，避免对人类造成伤害。例如，人工智能技术应被用于促进公共利益，而不是被用于武器研发或监控。

④**责任和问责原则：**要求明确人工智能系统的责任主体。例如，即使人工智能系统具有一定的自主决策能力，人类仍应对其行为负责。此外，建立问责机制是确保技术安全和合规的重要手段。

⑤**隐私原则：**要求保护用户的个人数据。例如，人工智能系统在收集和处理数据时，必须遵循合法、正当、必要的原则，防止数据泄露和滥用。此外，用户应有权控制自己的数据，并了解数据的使用方式。

⑥**可持续性原则：**要求人工智能技术的发展应考虑对环境的影响。例如，人工智能系统的开发和应用应减少碳足迹、优化能源效率；技术发展应支持绿色科技，推动可持续发展目标的实现。

⑦**教育原则：**要求通过教育提高公众对人工智能的理解水平，培养公众的批判性思维能力。这不仅有助于公众识别潜在风险和机会，还能推动社会各界参与人工智能伦理问题的讨论。

1.3.3 人工智能伦理问题解决路径

如何在确保安全的同时促进人工智能健康发展，已成为全球人工智能发展的核心议题。人工智能伦理问题的解决，可从多个角度入手，包括技术改进、法律法规制定、行业自律和社会教育等方面。

（1）伦理方法

伦理方法致力于在人工智能系统中嵌入伦理道德，使人工智能能够根据伦理理论进行推理和决策。这类方法的核心在于将伦理原则融入人工智能的设计和开发过程，确保其行为符合伦理要求，主要包括自上而下的方法、自下而上的方法和混合方法。

①**自上而下的方法：**从伦理理论出发，将普遍的伦理原则直接嵌入特定人工智能系统中。例如，将伦理学的原则直接转化为系统的决策规则。这种方法的优点是理论基础明确，能够提供清晰的伦理指导，缺点是可能过于抽象，难以适应复杂的现实情境。

②**自下而上的方法：**从具体案例出发，通过机器学习和数据驱动的方式让人工智能系统从实际情境中学习伦理行为。例如，通过大量的道德决策案例训练人工智能模型，使其能够根据情境做出合理的伦理判断。这种方法的优点是灵活性高，能够适应多样化的场景，缺点是可能缺乏普遍性，容易受到数据偏差的影响。

③**混合方法：**结合了自上而下和自下而上的优点，既考虑普遍的伦理原则，又结合具体情境进行决策。例如，系统可以在普遍原则的指导下，根据具体案例进行调整和优化。这种方法能够在理论和实践之间取得平衡，是当前研究的重点方向之一。

（2）技术方法

技术方法通过建立新的技术手段来解决人工智能伦理问题。近年来，学界和业界在这一领域取得了显著进展，但仍有许多问题需要进一步研究。

①**可解释机器学习技术：**旨在提高人工智能系统的透明度，使人类能够理解系统的决策过程。例如，通过可视化技术、特征重要性分析，以及模型解释工具，帮助用户理解人工智能系统是如何做出决策的。这种技术对于提高公众对人工智能的信任至关重要，尤其是在医疗、金融和司法等领域。

②**公平机器学习技术：**致力于减少算法偏见，确保人工智能系统不会对特定群体产生歧视。例如，通过数据预处理、算法调整和后处理等方法，消除数据中的偏差，使系统能够做出公平的决策。这种技术对于促进社会公平和正义具有重要意义，尤其是在招聘、信贷审批和司法评估等领域。

③**隐私保护技术：**通过加密、匿名化和差分隐私等方法，保护用户的个人数据不被泄露或滥用。例如，同态加密技术允许在加密数据上直接进行计算，无须解密数据，从而保护数据的隐私性。这种技术对于应对互联网时代人工智能系统中的隐私问题至关重要。

（3）法律方法

法律方法通过制定法律法规来规范人工智能的开发和应用，为人工智能的伦理应用提供法律保障。

①**欧盟《通用数据保护条例》**（General Data Protection Regulation, GDPR）：GDPR是欧盟制定的全球最严格数据保护法规，旨在赋予个人对数据的控制权并规范企业处理行为，不仅要求企业明确告知用户数据的使用方式，还赋予用户数据删除权和访问权。这一法规为人工智能系统的开发和应用提供了明确的法律框架，尤其是在数据隐私保护方面。

②**国家立法**：韩国在2024年底通过《AI基本法》，成为继欧盟之后第二个制定人工智能基本法的国家。美国的一些州也通过了针对人工智能的立法，如加利福尼亚州的《消费者隐私法案》。这些立法旨在保护消费者的隐私和数据安全，规范企业对人工智能技术的应用。

③**国际立法倡议**：国际组织积极推动人工智能的法律框架建设。例如，联合国教科文组织通过的《人工智能伦理建议书》和欧盟的《人工智能法》草案，都为全球范围内的人工智能治理提供了法律指导。

以DeepSeek为代表的生成式人工智能作为数字经济时代的关键技术，已形成规模化应用场景，生成式人工智能的快速发展也引起了人们社会生产生活方式的深刻变革。2023年7月，中国颁布的《生成式人工智能服务管理暂行办法》方向性地划定了生成式人工智能的法律责任边界。但要实现技术创新与法律规制之间的动态平衡、确保生成式人工智能稳健前行，还需对人工智能的主体资格、产权归属、责任认定等进一步进行探索。

1.3.4 人工智能伦理评估方法

人工智能伦理评估的常用方法主要包括测试、验证和标准三类。

（1）测试

测试是评估人工智能系统伦理能力的常用方法，通过比较人工智能系统的输出与预期结果来评估其伦理表现。

①**道德图灵测试**（Moral Turing Test）：借鉴图灵测试的思想，通过评估人工

智能系统在道德情境中的表现来判断其伦理能力。例如，系统需要在复杂的道德困境中做出合理的决策，如经典的“电车难题（Trolley Problem）”。

②**专家/非专家测试：**通过邀请伦理专家和普通用户对人工智能系统的伦理表现进行评估，专家测试侧重于系统的伦理逻辑和决策过程，而非专家测试则关注系统的用户体验和伦理接受度。这类测试方法能够从不同角度评估人工智能系统的伦理能力。

（2）验证

验证方法通过证明人工智能系统根据已知伦理规范正确运行来评估其伦理能力。

①**形式化验证：**通过数学和逻辑方法，对人工智能系统的决策过程进行建模和验证。例如，通过逻辑公式和数学证明，确保系统的输出符合预设的伦理规范。这类方法能够提供严格的伦理保证，但需要较高的技术门槛和复杂的数学工具。

②**模拟验证：**通过构建虚拟环境，测试人工智能系统在不同情境下的伦理表现。例如，通过模拟自动驾驶汽车的复杂交通场景，评估系统在道德困境中的决策能力。这类方法能够提供直观的评估结果，但可能无法覆盖所有可能的情境。

（3）标准

行业标准为人工智能的开发和应用提供了重要的指导，为人工智能的伦理应用提供了重要参考。

①**专业行为准则：**澳大利亚计算机协会（ACS）和美国计算机协会（ACM）等组织制定了专业行为准则，为人工智能开发者和从业者提供了伦理指导。这些准则强调了开发者在技术开发过程中应遵循的伦理原则，如透明度、公平性和隐私保护。

②**国际标准制定：**IEEE和ISO/IEC等国际组织也在制定相关的人工智能标准。例如，IEEE的《人工智能设计伦理准则》和ISO/IEC的《人工智能伦理框架》等标准，为人工智能的开发和应用提供了全面的伦理指导。这些标准不仅涵盖了技术层面的要求，还涉及社会和环境层面的考量。

③**行业自律：**除了国际和国内标准，行业自律也是推动人工智能伦理发展的重要力量。例如，一些科技公司成立伦理委员会，制定内部的伦理规范，确保其产品和服务符合伦理要求。这种自律机制能够快速响应伦理问题，推动行业的健康发展。

人工智能伦理问题的复杂性和多样性要求我们从多个角度进行分析和应对。通过制定伦理指南、明确伦理原则、开发技术解决方案及完善法律法规，可以在推动人工智能技术发展的同时，最大限度地减少其潜在的伦理风险。未来，随着人工智能技术的进一步普及，伦理问题的解决将更加紧迫和重要，需要全球范围内的合作与努力。

思考题

1. 简述机器学习和深度学习的关系，以及它们在技术实现上的区别。

2. 简述自然语言处理和计算机视觉两大应用领域分别面临的技术挑战。

3. 简述监督学习和无监督学习的差异，并分别给出实际应用场景。

4. 列举人工智能发展史上的三个关键里程碑（如达特茅斯会议、AlphaGo战胜人类顶尖棋手等），并说明其意义。简述20世纪70年代和90年代被称为人工智能“寒冬”的原因，以及这些“寒冬”对后续研究的启示。

5. 生成式人工智能可能传播虚假信息或偏见，简述至少两种技术或政策层面的解决方案。

6. “信息茧房”是指人们关注的信息领域会习惯性地被自己的兴趣引导，从而将自己的生活桎梏于像蚕茧一般的“茧房”中的现象。简述算法推荐系统如何加剧“信息茧房”现象，并从个人认知和社会治理角度给出应对措施。

7. 从心理学、法学和计算机科学的交叉视角，分析将人工智能应用到司法判决中可能产生的潜在伦理问题。

2 深度学习

深度学习（Deep Learning）是人工智能领域中的一种机器学习方法。它通过模拟人脑的神经网络结构，利用多层人工神经网络模型自动地从数据中提取复杂特征、学习数据的内在规律，不需要手动进行特征工程，就能处理更为复杂的问题。经典的深度学习技术包括用于图像特征提取的卷积神经网络（Convolutional Neural Network, CNN）、用于序列特征提取的循环神经网络（Recurrent Neural Network, RNN），以及用于图数据分析的图神经网络（Graph Neural Network, GNN）。这些深度学习技术在计算机视觉、自然语言处理、时序数据分析等领域取得了重大突破，成为当前人工智能技术发展的核心驱动力。本章介绍人工神经网络的基本原理、深度学习概念以及经典的深度神经网络模型。

2.1 人工神经网络基本原理

人工神经网络（Artificial Neural Network），通常简称为神经网络，是指从信息处理角度对人脑神经元网络进行抽象而构建人工神经元，并按一定拓扑结构建立神经元间的连接来模拟人脑神经网络的数学模型。

2.1.1 神经元模型

神经元（Neuron）是神经网络的基本组成单元，负责模拟生物神经元的结构和功能，接收一组输入信号并产生相应的输出。1943 年，心理学家McCulloch和数学家Pitts提出了一个被普遍采用的神经元模型——MP神经元模型。该模型接收d个输入信号$x_1, x_2, \ldots, x_d$，对这些信号进行加权求和，再通过一个激活函数的处理产生神经元的输出。图 2.1 给出了一个MP神经元模型的示例。

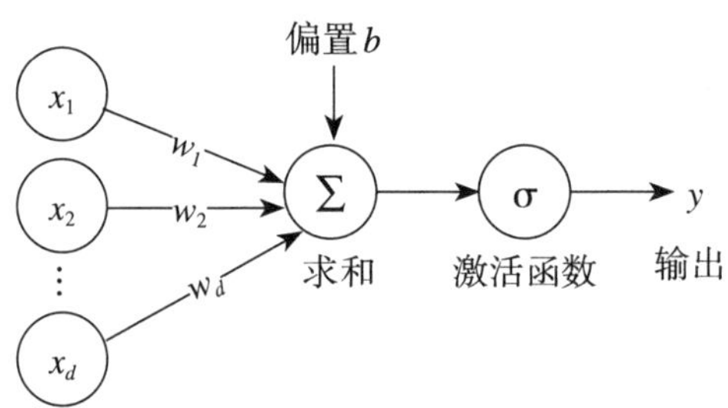

图 2.1 MP神经元模型

将输入信号表示为向量$\mathbf{x}=[x_1; x_2; \ldots; x_d]$，MP神经元模型可以表示为：

$$y=\sigma\left(\sum_{i=1}^{d} w_i x_i + b\right)=\sigma(\mathbf{w}^T\mathbf{x}+b) \quad (2.1)$$

其中，$\mathbf{w}=[w_1; w_2; \ldots; w_d]$为权重参数的向量，$b$为偏置，激活函数$\sigma$是一个非线性函数。MP神经元模型中，激活函数为如图 2.2 所示的阶跃函数，将输入值映射为输出值 1 或 0，分别对应神经元兴奋或抑制的状态，从而实现对生物神经网络的模拟。

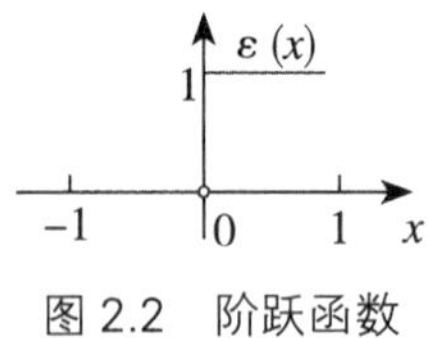

图 2.2 阶跃函数

然而，生物神经网络的实际运作方式要比这种加权求和的方式复杂得多。一种对MP神经元模型的理解，是把模型看作一个由输入和输出构成的复杂函数$y=f(x_1, x_2, \ldots, x_d)$，那么MP模型为复杂函数$f$的一阶泰勒近似。尽管单个神经元模型难以模拟真正的生物神经元，但把许多个这样的神经元模型按一定的层次结构连接起来，就能构成功能强大的神经网络，进而处理更为复杂的任务。

2.1.2 感知机

感知机（Perceptron）是计算机科学家Roseblatt于1957年提出的一个基于神经元模型的人工神经网络，其输入为向量$\mathbf{x}$、输出为$\mathbf{x}$的类型，取+1和–1两个值，是一个被广泛使用的二分类模型，定义为以下函数：

$$y = f(\mathbf{x}) = \mathrm{sign}(\mathbf{w}^T\mathbf{x} + b) \tag{2.2}$$

其中，$\mathbf{w}$和b为感知机模型参数，sign是符号函数，定义如下：

$$\mathrm{sign}(x) = \begin{cases} +1, & x \geqslant 0 \\ -1, & x < 0 \end{cases}$$

给定一个包含n个样本的训练数据集$D = \{(\mathbf{x}_1, y_1), (\mathbf{x}_2, y_2), \ldots, (\mathbf{x}_n, y_n)\}$，可以通过机器学习方法从$D$中自动找到参数$\mathbf{w}$和$b$，即一个分离超平面$\mathbf{w}^T\mathbf{x} + b$，使得对于所有$y_i$=+1的正样本$\mathbf{x}_i$，有$\mathbf{w}^T\mathbf{x}_i + b > 0$，对于所有$y_i$=–1的负样本$\mathbf{x}_i$，有$\mathbf{w}^T\mathbf{x}_i + b < 0$。这种从训练数据中寻找模型参数的方法也被称为模型训练方法。感知机的训练通过求解以下优化问题实现：

$$\min_{\mathbf{w}, b} L(\mathbf{w}, b) = -\sum_{x_i \in \mathbf{M}} y_i(\mathbf{w}^T\mathbf{x}_i + b) \tag{2.3}$$

其中，L为训练模型的损失函数，其值越小，表明模型误分类的样本越少；$\mathbf{M}$为误分类的样本集合。

在实际应用中，通常使用梯度下降法求解式2.3。首先，随机选取参数$\mathbf{w}$和b的初始值，然后使用梯度下降法不断地极小化式2.3。极小化过程不是一次使用$\mathbf{M}$中所有样本，而是每次随机选取一个样本更新参数。当一个样本被误分类，即$y_i(\mathbf{w}^T\mathbf{x}_i + b) \leqslant 0$时，结合学习率$\eta$调整$\mathbf{w}$和$b$的值，使该样本向正确方向移动，减小损失函数$L(\mathbf{w}, b)$的值，直至所有样本被正确分类。感知机训练流程如图2.3所示。

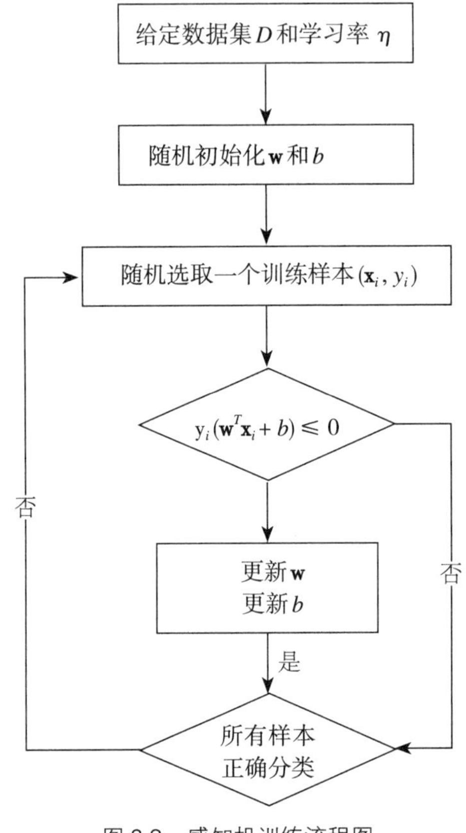

图 2.3　感知机训练流程图

感知机的主要贡献在于为机器学习任务提供了一个通用的框架：给定训练数据集$D=\{(\mathbf{x}_1, y_1), \dots, (\mathbf{x}_n, y_n)\}$，寻找一个函数$y=f(\mathbf{x}, \theta)$，当给定一个新的样本$\mathbf{x}'$时，可使用$f$预测出$\mathbf{x}'$对应的$y'$，其中 θ 是机器学习过程中需求解的模型参数。以感知机为例，待求解参数 $\theta=(\mathbf{w}, b)$。以上学习框架适用于绝大多数的机器学习问题，包括分类、聚类、特征提取、图像分类、目标检测、图像分割等。感知机的另一个贡献在于，训练方法每次更新参数时只选择一个训练样本进行乘法和加法运算，不需使用所有训练数据，占用的计算资源也很少，非常适用于当前大数据环境下的机器学习任务，为处理大规模数据上的机器学习任务提供了理论支撑。

2.1.3 多层神经网络

（1）多层神经网络概念

感知机仅包含单个神经元模型，只能处理简单的分类问题。将多个神经元模型按一定层次结构组合在一起，构成一个功能更强大的神经网络，就能处理更复杂的问题。图 2.4 给出一个常见的多层神经网络结构，由一个输入层、一个隐藏层、一个输出层构成。每层包含多个神经元，与下一层的神经元完全连接。同层的神经元间不存在连接，且没有跨层的连接。这样的神经网络被称为多层前馈神经网络（Multi-layer Feedforward Neural Network），其输入层接收输入数据，经过隐藏层及输出层对数据进行处理，最终由输出层将处理结果输出。一般情况下，输入层仅接受输入数据，不对输入数据进行加工，只有隐藏层和输出层才对数据进行处理。多层神经网络的训练与感知机类似，同样是利用训练数据来寻找连接所有神经元的权重及偏置，进而得到一个功能强大的模型。

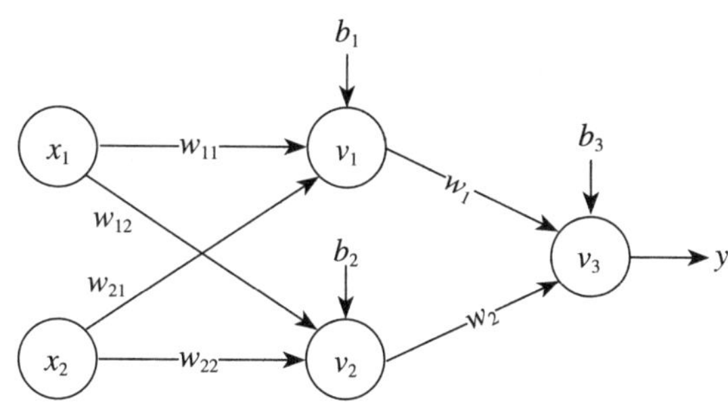

图 2.4 多层前馈神经网络示例

图 2.4 中神经网络各层间的关系可表示为：

$$v_1 = \sigma(w_{11}x_1 + w_{21}x_2 + b_1)$$

$$v_2 = \sigma(w_{12}x_1 + w_{22}x_2 + b_2)$$

$$v_3 = \sigma(w_1v_1 + w_2v_2 + b_3)$$

神经网络的输出值$y = v_3$。训练这样的神经网络，就是要确定参数$\mathbf{w} = [w_{11}; w_{12}; w_{21}; w_{22}; w_1; w_2]$及参数$\mathbf{b} = [b_1; b_2; b_3]$的取值。多层神经网络拥有强大的表示能力。可以证明，当激活函数为阶跃函数时，只需一个包含足够多神经元的隐藏层，多层神经网络就能以任意精度逼近任意复杂的连续函数。

（2）多层神经网络训练

多层神经网络模型远比感知机复杂，无法确定其模拟的复杂函数的具体形式，因此不能直接利用感知机的训练方法来训练多层神经网络，需要更强大的学习方法。目前的神经网络训练方法，一般包含两个步骤：首先，人工设计神经网络的结构，即网络包含多少层、每层有多少个神经元；然后，将训练数据输入到这个网络中并计算出网络的参数。

神经网络结构的设计具有很大的难度，迄今没有完美的解决办法，通常只能依靠经验进行设计。设计网络结构时，如下两个准则可供参考：一个准则是，如果问题简单，那么网络结构也应该简单，即层数少或每层的神经元少；如果问题复杂，那么网络结构也应该设计得更复杂。另一个准则是，如果训练数据较多，则网络结构可以设计得复杂，从而学习到功能更强大的模型；如果训练数据较少，则网络结构应该设计得简单一些。

在确定神经网络结构之后，就需要求解神经网络中的参数。以图 2.4 中的神经网络为例，给定训练样本（$\mathbf{x}, \mathbf{y}$），输入$\mathbf{x} = [x_1; x_2]$，$\mathbf{y}$为样本标签，设$\mathbf{x}$经过该网络得到的输出为$\hat{\mathbf{y}}$，希望通过调整参数$\mathbf{w}$和$\mathbf{b}$，使网络输出$\hat{\mathbf{y}}$与样本标签$\mathbf{y}$尽可能接近，也就是网络输出与真实标签间的均方误差尽可能小，即：

$$\min E(\mathbf{y}, \hat{\mathbf{y}}) = \frac{1}{n}\sum_{i=1}^{n}(y_i - \hat{y}_i)^2 \tag{2.4}$$

其中，n为样本数量，$E(\mathbf{y}, \hat{\mathbf{y}})$为损失函数，用于量化模型预测值与真实值之间的差异。

求解参数的常用方法是梯度下降法，首先随机选取$\mathbf{w}$和$\mathbf{b}$的初始值（$w_i \in \mathbf{w}$，$b_i \in \mathbf{b}$），然后迭代求损失函数的极小值，在每次迭代中按以下方式更新所有参数：

$$w_i \leftarrow w_i - \eta\frac{\partial E}{\partial w_i} \tag{2.5}$$

$$b_i \leftarrow b_i - \eta\frac{\partial E}{\partial b_i} \tag{2.6}$$

其中，η（$0 < \eta < 1$）为学习率，$\frac{\partial E}{\partial w_i}$和$\frac{\partial E}{\partial b_i}$是构成梯度的分量。

通过不断迭代计算，最终可得到模型参数**w**和**b**。然而，直接计算梯度是非常耗费资源的，通常根据神经网络的结构来简化梯度的计算，称为反向传播（Back Propagation, BP）方法。在实际应用中，还需进行几项改进，才能顺利地训练出神经网络模型。

1）针对激活函数的改进

由于阶跃函数在0点处不可导，需将激活函数替换为其他连续可导的函数，目前常用的激活函数有如下的Sigmoid函数和ReLU函数：

$$\mathrm{Sigmoid}(x)=\frac{1}{1-e^{-x}} \tag{2.7}$$

$$\mathrm{ReLU}(x)=\max\{0, x\} \tag{2.8}$$

2）针对输出层及损失函数的改进

假设神经网络最后一层输出的是k维向量$\mathbf{z}=[z_1;\ldots;z_k]$，则将向量$\mathbf{z}$经过一个如下的Softmax层处理得到最终的输出$\hat{\mathbf{y}}=[\hat{y}_1;\ldots;\hat{y}_k]$：

$$\hat{y}_i=\frac{e^{z_i}}{\sum_{j=1}^{k}e^{z_j}},\ i=1, 2, \ldots, k \tag{2.9}$$

从而可容易地得出$\sum_{j=1}^{k}\hat{y}_i=1$，然后将损失函数改为如下交叉熵（Cross-entropy）函数：

$$E(\mathbf{y},\hat{\mathbf{y}})=-\sum_{j=1}^{k}y_i\log(\hat{y}_i) \tag{2.10}$$

其中，$\mathbf{y}=[y_1;\ldots;y_k]$为样本标签向量。

交叉熵函数反映了$\mathbf{y}$与$\hat{\mathbf{y}}$间的相似程度，具有以下两个性质：$E(\mathbf{y},\hat{\mathbf{y}})\geqslant 0$；当且仅当$\mathbf{y}=\hat{\mathbf{y}}$时，$E(\mathbf{y},\hat{\mathbf{y}})$取最小值。因此，同样可使用梯度下降进行求解。对于很多机器学习问题，尤其是分类问题，使用Softmax输出和交叉熵损失函数往往能训练出性能更好的神经网络模型，进而实现更为准确的预测。

3）使用随机梯度下降法训练模型

在反向传播方法中，每输入一个训练样本都会进行一次参数更新，这种方式的缺点在于单个训练样本包含的噪声会传导到所有参数，且每个样本都更新全部参数，效率也较低。为了解决以上问题，实际应用中往往使用随机梯度下降（Stochastic Gradient Descent，SGD）训练模型，主要步骤如下：

① 输入一批样本（称为一个Batch），计算这批样本的梯度平均值，再利用该平均值来更新参数。

② 将训练数据按Batch Size（通常为几十至几百）划分为多个不同的Batch，再基于这些Batch训练神经网络。按Batch遍历所有训练样本一次，称为一次Epoch训练。例如，若训练样本数量为1000，Batch Size为100，则所有训练数据会被划分为10个不同的Batch，即一个Epoch会使用这10个Batch进行训练。

③ 模型训练需要多个Epoch，且对于每个Epoch都需随机划分训练样本，以保证Batch不重复。使用随机梯度下降的优势在于，每次更新参数只涉及一个Batch的训练数据，与整个训练数据的大小无关，这为基于大规模数据训练神经网络提供了支持，还能减少单个样本受到的噪声的不良影响，进而获得性能更好的模型。

2.2 深度学习基本概念

在20世纪80年代，随着误差反向传播方法的提出，多层神经网络的相关理论已趋于完善。然而，多层神经网络还存在许多不足之处。例如，使用梯度下降法只能获取局部最优值，而非全局最优；网络参数与实际任务的关联模糊，模型可解释性差；模型需调整的参数太多，包括网络结构、激活函数、学习率、损失函数等，训练模型的工作量太大；训练复杂的神经网络需大量的训练数据；由几百或上千个神经元组成的神经网络模型，在性能上远远不如包含约800亿个神经元的人脑。由于以上原因，多层神经网络的研究并未成为当时机器学习的主流，并在90年代陷入了低谷，甚至不如后来的支持向量机等模型。

到21世纪初，随着大规模硬件加速设备的出现（如GPU），计算能力得到了显著提升。同时，大容量存储设备快速普及，海量数据采集和存储技术迅速发展，为训练大规模神经网络提供了充足的训练数据和计算资源。2006年，Hinton（反向传播方法的提出者之一、2018年图灵奖得主）在《科学》杂志上发表了关于“深度信念网络（Deep Belief Network）”的论文，通过“预训练+微调”的方式成功地训练出超过7层的神经网络，缓解了多层神经网络存在的问题，并把这类多层神经网络的训练方法称为深度学习。之后，深度学习逐渐成为机器学习领域的主流技术，受到学界和业界越来越多的研究人员关注。

随后几年，深度学习在多个领域都取得了突破性进展。2009 年，微软的研究人员将深度神经网络引入语音识别系统，大幅提升了连续词汇的语音识别率，彻底代替了统治这一领域 20 多年的隐马尔可夫模型及高斯混合模型。2013 年，Hinton 的学生使用一个包含 65 万个神经元的深度神经网络 AlexNet 在图像识别比赛 ImageNet 上夺得冠军，且错误率远远小于第 2 和第 3 名——谷歌（Google）及 Facebook 提出的模型。2016 年，由谷歌开发的基于深度学习的 AlphaGo 打败了围棋世界冠军李世石。目前，深度学习中的 Transformer 模型已经成为自然语言处理、计算机视觉、图数据分析等领域最优秀的方法之一，将深度神经网络的研究与应用推向高潮。

深度学习的关键在于构建具有一定“深度”的神经网络模型（层数多，每层的神经元也多），并通过训练方法让模型自动获得较好的特征表示，从而提升模型的预测准确率。一种对深度学习的理解，是将深度神经网络的多层结构看作对输入数据的逐层加工，从而把初始与预测目标之间联系不够紧密的输入表示转化为与预测目标联系更为紧密的表示，为后续任务提供更为有效的特征。在传统的机器学习任务中，通常需要耗费大量人力来设计特征，称为“特征工程”。而采用深度学习技术，则可利用机器学习方法从数据中自动产生较好的特征，进而处理各类复杂的机器学习任务。本章后续内容将介绍几类常用的深度神经网络模型，包括卷积神经网络、循环神经网络，以及图神经网络。

2.3 经典深度神经网络模型

2.3.1 卷积神经网络

卷积神经网络是一种具有局部连接、参数共享等特点的多层前馈神经网络，由纽约大学的 Yann LeCun （2018 年图灵奖得主）于 20 世纪 80 年代提出，主要用于处理图像数据。使用全连接神经网络处理图像数据时，存在以下两个问题：

- 参数太多：输入大小为 100×100（即高为 100 像素，宽为 100 像素）的图像，使用与图 2.4 相同的三层全连接神经网络进行处理。假设隐藏层包含 1000

个神经元，那么输入层的每个神经元都与隐藏层的所有神经元相连接，共需要 $100\times100\times1000=10^7$ 个参数。如果层数变深，参数的规模还会急剧增加，导致整个神经网络的训练非常困难。

● 局部不变性：图像中的物体具有局部不变性特征，如图像中包含一只小猫，那么移动小猫的位置，或缩放、旋转小猫等操作不会影响猫的识别。全连接神经网络很难提取这些局部不变性特征。

卷积神经网络通过模仿人类视觉系统的工作原理，有效解决了以上问题。目前的卷积神经网络一般由卷积层（Convolutional Layer）、池化层（Pooling Layer）、全连接层（Fully Connected Layer）交叉堆叠而成，其层级网络结构如图 2.5 所示。

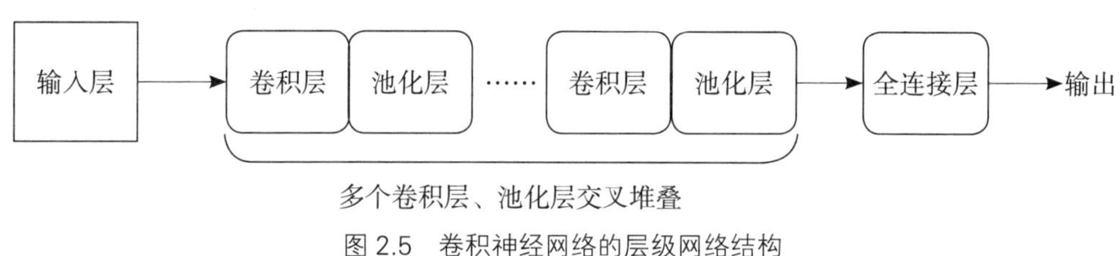

图 2.5　卷积神经网络的层级网络结构

①**卷积层：**卷积神经网络的核心组成部分，负责从输入数据中提取局部特征。它通过一组可学习的卷积核在输入数据上滑动，进行卷积运算，从而生成特征图（Feature Map）。每个卷积核的作用是检测输入数据中的特定模式，如识别图像中的某只小猫，那么通过在图像上滑动该卷积核就能检测任意位置出现的小猫。卷积操作具有参数共享的特性，即同一个卷积核在整个输入数据上重复使用，这不仅减少了模型的参数数量，还使得对平移、缩放等变换具有一定的鲁棒性。通过堆叠多个卷积层，卷积神经网络能够逐层提取从低级到高级的特征，如从简单的边缘检测到复杂的物体形状识别，从而为后续的任务提供有效的特征。

②**池化层：**主要用于降维和减少计算开销，通过对卷积层生成的特征图进行局部区域的汇总操作，以降低特征图的大小。常见的池化方法包括最大池化（Max Pooling）和平均池化（Average Pooling），最大池化选取局部区域中的最大值作为输出，而平均池化则计算该区域的平均值。池化操作不仅减少了数据规模、提高了神经网络的效率，还能够保留关键特征。例如，对包含猫的图像进行池化，相对于该

图像进行了压缩，虽然规模减小，但仍能识别是猫的图像。

③**全连接层：**通常位于卷积神经网络的末端，接收来自前面卷积层和池化层提取到的高级特征，并将这些特征整合起来进行分类或回归任务。在全连接层中，每个神经元都与上一层的所有神经元相连，形成一个密集的连接结构。这种设计使得全连接层能够对全局特征进行建模，从而捕捉输入数据的整体信息。然而，由于全连接层的参数数量较多，它也容易导致过拟合，因此常结合正则化技术（如 Dropout 或 L2 正则化）来提升模型的性能。

卷积神经网络的训练方式与多层前馈神经网络相似，包括两个阶段：第一个阶段是输入数据由浅层向深层传播的阶段，即前向传播阶段；第二个阶段是前向传播得出的结果与预期不相符时将误差从深层向浅层进行传播训练的阶段，即反向传播阶段。整体训练流程如图 2.6 所示。

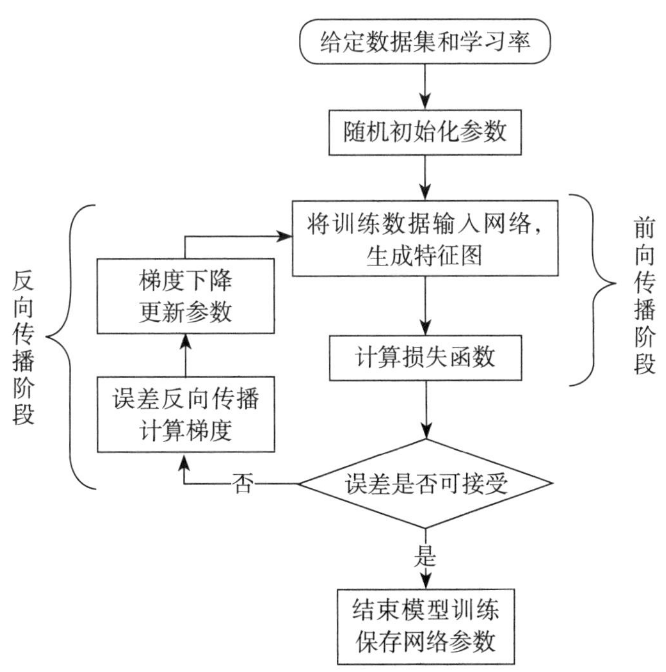

图 2.6　卷积神经网络的训练流程

在前向传播阶段，输入数据依次经过卷积层、池化层和全连接层，最终生成预测输出；随后，通过损失函数（如交叉熵损失或均方误差）计算预测值与真实标签之间的差异。在反向传播阶段，利用误差反向传播方法计算各参数的梯度，然后使用梯度下降法更新网络中每一层的参数，以逐步减小预测误差。通过不断迭代前向传播和反向传播的过程，卷积神经网络逐渐学会从数据中提取特征并完成目标任务。在实际使用过程中，将待处理的数据输入训练完成的卷积网络模型中进行一次前向传播，得到的输出即为预测结果。

2.3.2 循环神经网络

循环神经网络是一类具有短期记忆能力的神经网络，是专门为处理序列数据而设计的。在前馈神经网络中，信息的传递是单向的，这种限制虽然使得模型更容易训练，但也在一定程度上减弱了模型的能力。前馈神经网络的每个输入都是独立的，即网络的输出只依赖于当前的输入，导致前馈神经网络难以处理序列数据。然而，序列数据是普遍存在的，如天气预报中的温度、湿度，自然语言处理中的文本数据，图像处理中的视频数据等。与前馈神经网络不同，循环神经网络不但可以接收前一层神经元的信息，也可以接收自身上一个时刻输出的信息，形成具有环路的网络结构。图 2.7 给出循环神经网络的示例。

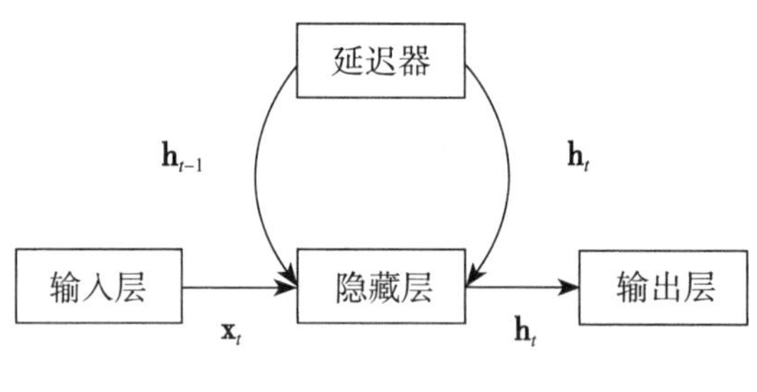

图 2.7　循环神经网络

输入一个包含 t 个时间片的序列 $\mathbf{x}=(\mathbf{x}_1, \mathbf{x}_2, \dots, \mathbf{x}_t)$，循环神经网络通过式 2.11 更新隐藏层的输出 $\mathbf{h}_t$：

$$\mathbf{h}_t \leftarrow f(\mathbf{h}_{t-1}, \mathbf{x}_t) \tag{2.11}$$

其中，隐藏层初始值 $\mathbf{h}_0=0$，$f(\bullet)$ 为一个可由前馈神经网络表示的非线性函数，延时器为一个虚拟单元，记录神经元在上个时刻的输出。在循环神经网络中，隐藏层不仅接收当前时刻的输入，还接收上一时刻隐藏层的输出，这样就能捕捉到序列数据中的时间动态性。

循环神经网络的训练主要依赖于一种称为“通过时间的反向传播”(Backpropagation Through Time, BPTT)的技术，将传统的误差反向传播扩展到序列数据。在训练过程中，首先进行前向传播，输入序列数据逐个时间步地通过网络，每一步不仅考虑当前输入，还结合了前一时间片的隐藏状态，从而生成每个时间片的输出和最终的预测结果。然后计算损失函数，通常采用交叉熵损失或均方误差等方法，以衡量网络预测值与真实标签之间的差异。在反向传播阶段，使用BPTT沿着时间维度反向遍历整个序列，计算损失函数相对于每个时间片参数的梯度，并根据这些梯度更新网络权重。需要注意的是，标准的循环神经网络在处理长序列时，使用的BPTT会导致梯度消失或梯度爆炸的问题。为了解决该问题，人们改进了循环神经网络的结构，提出了如长短期记忆网络（Long Short-Term Memory, LSTM）和门控循环单元（Gated Recurrent Unit, GRU），它们通过引入门机制来控制信息的流动，进而有效地捕捉序列中的长期依赖关系。

2.3.3 图神经网络

图神经网络是一种专门设计用于处理图数据的深度神经网络模型。图（Graph）是一种由节点及节点之间的边构成的数据结构，节点用于表示所要研究的对象，而边表示这些对象间的关联关系。以社交网络为例，如果用节点表示网络用户，边表示用户间的关注关系，则所构成的图就反映了该社交网络用户间的好友关系。除了社交网络，图也被广泛用于表示蛋白质分子间的依赖关系、用户与物品的购买关系、学术论文之间的引用关系等。前面介绍的图像数据、序列数据属于欧氏数据结构，其中每个数据元素都有固定的排列规则和顺序。然而，图中节点的邻居数量和排列顺序并不固定，图属于非欧氏数据结构。传统的卷积神经网络或循环神经网络只能处理欧氏结构数据，难以直接应用于图数据分析。为了解决以上问题，人们借鉴卷积神经网络的思想，尝试在图上定义卷积操作，提出了图卷积神经网络（Graph Convolutional Network, GCN），并将其广泛应用到各类图数据处理任务中。

GCN能够直接在图上进行卷积操作，从而有效地学习节点特征。它通过聚合节点自身的特征和其邻居节点的特征来更新每个节点的特征表示。这个过程与传统卷积神经网络的卷积操作类似，但在图数据上，卷积作用在节点的邻居上，而不是传统卷积核覆盖的区域。具体而言，GCN的每一层都会对图中每个节点执行以下操作：

● 特征变换：对输入特征进行线性变换，以改变特征维度或引入新的特征组合。

● 邻域聚合：对于每个节点，GCN会聚合该节点自身及其邻居节点的特征。这一步可通过简单的均值、加权求和或其他更复杂的聚合函数来实现。

● 激活函数：使用非线性激活函数（如ReLU）来增加模型的表达能力。

通过堆叠多层GCN，可以逐步扩展卷积的作用范围，使得每个节点都能接收到距离自己较远的节点的信息，为后续任务生成更为有效的节点特征。

GCN的训练方式与前面介绍的神经网络模型类似，同样使用误差反向传播及梯度下降技术来更新参数。二者的主要区别在于，在前向传播阶段，输入图的节点特征矩阵和邻接矩阵，GCN通过图上的卷积操作生成每个节点的特征表示。总的来说，GCN的训练方法结合了图数据的特性与传统神经网络训练的技术，使模型能够从图数据中学习到有用的特征表示，从而在各类图相关的任务上取得良好的性能。

思考题

1. 简述MP神经元模型与人脑神经元的区别。

2. 感知机作为经典的二分类模型，与其他分类模型（如支持向量机、决策树等）相比有什么优势和不足？

3. 以感知机的训练流程为基础，总结机器学习领域中模型训练的通用框架。

4. 以式2.4中的均方误差为损失函数，求解图2.4所示神经网络中的参数梯度。

5. 分析Sigmoid与ReLU两类激活函数的区别。

6. 简述实际应用中往往使用随机梯度下降训练模型的原因。

7. 简述使用深层神经网络时设计其网络结构的方法。

8. 简述卷积神经网络模型如何改善前馈神经网络参数太多的问题。

9. 结合实际案例简述循环神经网络模型是否可以改进为接收下一时刻输出的信息。

10. 分析图神经网络与卷积神经网络模型中卷积操作的区别。

3 大模型

大语言模型（Large Language Model, LLM）简称大模型，是一种基于深度学习技术构建的、具有庞大参数规模的自然语言处理模型，是近年来人工智能领域的重要突破。大模型不仅推动了自然语言处理技术的进步，改变了人机交互的方式，还在教育、科研、医疗、金融、气象等多个行业中发挥了重要作用。本章首先回顾大模型的发展历程，然后介绍大模型训练和推理的基本原理与使用方式，再介绍大模型提示工程的基本思想和技术体系，最后介绍检索增强生成及智能体两类大模型应用。

3.1 大模型概述

3.1.1 发展历程

大模型是基于超大规模神经网络的语言模型，使用自监督学习的方式在大量未标注的文本上进行训练，具备通过自然语言与人类进行交互的能力，在处理复杂的任务时表现出强大的能力。大模型的发展并非一蹴而就，而是经历了多个具有里程碑意义的阶段：

①**早期探索（20 世纪 80 年代至 2000 年初）**：这一时期，人工神经网络的概念开始形成，但受限于当时的计算资源和能够使用的训练数据，模型规模较小。尽管如此，一些基础理论如反向传播方法被提出，为后来的发展奠定了理论基础。

②深度学习的兴起（2006年起）：由Hinton等人提出的深度信念网络标志着深度学习的兴起。随着计算能力的提升，尤其是GPU的普及，层次更深、规模更大的神经网络变得可行。卷积神经网络在图像识别领域取得突破性进展（如AlexNet在2012年ImageNet竞赛中的胜利），展示了大模型在特定任务上的巨大潜力。

③迈向更大规模（2015年后）：随着数据集的增长和深度学习技术的进步，模型的规模迅速扩大。例如，谷歌的Inception系列、ResNet、Transformer架构的提出，使得模型能够达到数百层深，拥有数百万乃至上亿个参数。这些模型不仅在图像分类、目标检测等视觉任务中取得了前所未有的成果，也在自然语言处理领域引发了变革。

④超大规模模型的时代（2018年至今）：近年来，超大规模的语言模型（如BERT、GPT系列及其后续版本）不断刷新纪录，参数量从数十亿到数千亿不等。这些模型通过自监督学习的方式，在海量文本数据的基础上进行预训练，然后在特定任务上微调，极大地提升了各种自然语言处理任务的表现。此外，跨模态模型也开始出现，尝试将文本、图像甚至视频信息整合在一起，以形成更加通用的人工智能能力。

大模型的发展历程反映了技术进步与需求增长之间的互动关系，从最初的理论探索到如今超大规模模型的广泛应用，每一阶段都是对前一阶段的继承与发展，推动了人工智能领域的持续进步。

3.1.2 大模型基本原理

大模型的使用涉及训练及推理两个阶段：

（1）大模型训练

训练大模型的关键在于如何有效地利用大规模数据集和计算资源来学习复杂的模型，通常包含预训练、微调和提示学习等步骤。

预训练是指在大规模未标注的数据集上训练模型，目的是让模型从数据中提取有用的特征表示。预训练一般利用自监督学习或无监督学习技术，在无标注的数据上学习模型。在自然语言处理领域，常用的预训练方法是基于Transformer架构的模型，如BERT、GPT系列等，通过掩码语言建模（预测遮蔽词）或自回归生成（预测下一个词）等方式进行训练。

例 3.1 掩码语言建模示例：给定一个句子“我喜欢吃苹果”，可以将“苹果”替换为一个特殊的掩码符号“[MASK]”，训练的任务目标就是让模型预测[MASK]位置最有可能出现的词。如果模型输出为“苹果”，那么表示模型参数正确，不需要更新参数。如果模型输出为“蛋糕”，那么表示模型参数不正确，需要根据损失函数计算误差并更新模型参数。

例 3.2 自回归生成示例：给定一个句子“今天天气很好，我们决定去公园野餐”，可以将该句子的前面一部分“今天天气很好，我们决定去”输入到模型中，再让模型逐步预测下一个词，直到生成整个句子。例如，首先生成“今天天气很好，我们决定去**公园**”，然后生成“今天天气很好，我们决定去公园**野餐**”。如果模型不能正确生成完整的句子，则根据损失函数计算误差并更新模型参数，直至模型预测正确。

在计算机视觉领域，类似的方法包括使用大量图像进行自动编码器训练或对比学习。预训练的优势在于能够在无标注数据的情况下捕捉输入数据更为广泛的信息，从而为下游任务提供强大的特征提取能力，但它需要庞大的计算资源以及大规模的训练数据。

微调是将预训练好的模型应用到特定的任务上，并在其基础上进行进一步的训练以适应具体的任务需求。与无监督的预训练不同，微调通常是在相对较小但与任务相关的标注数据集上进行的。通过对大模型神经网络的最后一层或多层进行调整，同时保持底层网络参数不变或仅进行细微调整，使模型快速适应新的任务，而不需要从头开始训练。此外，根据任务的不同（如分类、回归等），需要在预训练模型的基础上添加适当的输出层。同时，采用较低的学习率，尽可能保留预训练模型已经学到的知识，只需要对其进行轻微调整以适应新任务。与从零开始训练相比，微调不仅节省了大量的时间和计算资源，而且往往能取得更好的性能，因为它利用了预训练模型学到的丰富特征表示。

提示学习（Prompt Learning）是一种针对大模型的新兴应用方法，通过设计特定的文本提示来引导模型完成各种任务，而无须进行传统的微调。这种方法将任务转化为填空题形式，利用预训练模型的知识直接解决问题，极大地减少了对大量标注数据的依赖，并提高了模型的灵活性和适应性。提示学习的优势包括简化模型部署流程、减少数据需求以及通过简单的提示调整快速适应新任务。提示学习有多种实现方式，可以手动设计提示，也可以利用人工智能方法自动搜索最优提示。提示学习提供了一种在不修改预训练模型结构和参数的条件下，高效地根据提示信息来调整模型输出的方法，使得大模型的应用更为便捷。

预训练、微调和提示学习技术的结合极大地提高了大模型在各种任务上的表现，尤其是在数据量有限的情况下尤为有效。这种策略允许模型先在一个广泛的领域内获取知识，然后迅速且高效地迁移到特定的应用场景中。

（2）大模型推理

大模型推理指的是利用已经训练好的模型对新数据进行预测或决策的过程。与训练过程相比，推理过程侧重于如何高效、准确地应用模型来处理实际问题。大模型推理的基本原理包括：

● 前向传播：推理过程中，输入数据通过网络的每一层进行卷积操作、全连接层中的矩阵乘法等线性变换以及非线性激活函数的计算，实现前向传播，直到输出层生成最终预测结果。

● 特征提取与转换：大模型的关键在于提取输入数据的有效特征。模型通过多层神经网络逐步转换输入数据的特征表示，尤其是那些基于Transformer架构的模型，这种特征提取和转换能力尤为强大，能够捕捉到数据中蕴含的复杂模式和关系。

● 输出解释：推理的最后一步是对输出进行解释。例如，在分类任务中，模型可能输出每个类别的概率分布；在回归任务中，则直接输出预测的连续值。根据应用场景的不同，可能还需要对输出结果进行进一步处理或转换。

为了提高大模型推理的效率和性能，通常还会采用以下几种优化策略：

● 量化和混合精度：将模型参数和计算结果从浮点数转换为低精度格式（如INT8），或结合使用半精度浮点数（如FP16）和单精度浮点数（FP32），以减少内存占用并加速计算。虽然这可能会导致一定程度的精度损失，但通过适当的调整仍可以保持较高的准确性。

● 剪枝：去除模型中不重要的参数或神经元，减少模型大小和计算复杂度。经过剪枝后的模型可以在不影响太多性能的前提下显著加快推理速度。

● 知识蒸馏：使用一个较大的“教师”模型来指导较小的“学生”模型的学

习过程，使得学生模型能够在保持较高性能的同时大幅降低存储和计算资源需求。

● 分布式推理：对于特别大的模型，单个设备可能无法容纳整个模型。这时可以采用分布式推理技术，将模型分割并在多个设备上并行执行，以提高处理速度。

通过上述方法和技术，可以在保证推理准确性的前提下，大幅提升大模型的推理速度，使其更适用于实时应用和边缘计算等场景。此外，随着硬件技术的发展，如专用AI芯片（TPU、NPU等）的应用也为大模型推理提供了更强的支持。

3.1.3 大模型的使用

近年来，大模型技术快速发展，各科技公司和研究机构相继推出的具有不同特色的模型已广泛应用于人们生产生活的各个领域。表 3.1 列出了当前广泛使用的一些大模型。

表 3.1 部分大模型

模型名称	研发机构	主要特点	应用场景
ChatGPT-3.5	OpenAI	推理较快，基础对话能力强	问答、写作、辅助编程
ChatGPT-4.0	OpenAI	比 ChatGPT-3.5 更智能，支持更长上下文，推理能力更强	专业问答、代码生成、复杂对话
Gemini	Google DeepMind	多模态支持（文本 + 图片），搜索集成能力强	搜索优化、辅助创作
LLaMA	Meta AI	开源，可商用，多语言支持	企业私有化部署
DeepSeek	杭州深度求索	强调搜索与大模型结合	信息检索、搜索优化
O1-mini	杭州深度求索	开源，适合开发者研究	代码、模型研究
O1-preview	杭州深度求索	预览版，增强推理能力	综合 AI 应用
文心一言	百度	结合中文语境，知识图谱增强	中文对话、搜索优化
通义千问	阿里巴巴	代码能力突出，企业应用支持	智能客服、代码生成
智谱 AI	智谱 AI	开放部署，支持本地推理	自主可控的大模型研究
豆包	字节跳动	轻量级任务，整合社交产品	对话、写作助手
Kimi	北京月之暗面	超长上下文，适合阅读、分析论文	长文处理、知识分析

大模型的使用方式主要包括Web访问、API调用及本地部署等，不同的方式适用于不同的用户需求和应用场景：

- Web访问：最简单且对用户友好的大模型使用方式，适合没有技术背景的普通用户。用户只需通过浏览器访问提供大模型服务的在线平台，即可直接使用其功能，如文本生成、翻译或对话等任务。这种方式无须安装任何软件，所有计算资源由云服务商提供，用户可以专注于任务本身而无须关心硬件配置。然而，Web访问依赖于网络连接，可能会受到网络质量和速度影响，同时需要上传数据到云服务商，可能存在隐私泄露的风险。
- API调用：一种适用于开发者将大模型的功能集成到自己的应用程序中的使用方式。通过云服务商提供的标准化接口，开发者可以通过编程语言发送请求并接收模型的响应，从而实现定制化的功能。这种方式支持多种编程语言，并能无缝嵌入现有的业务逻辑中，广泛应用于智能客服、自动化文档生成等场景。尽管API调用提供了高度的灵活性和自动化能力，但它需要一定的编程技能。同时，可能涉及按使用量计费的成本，并且仍然存在数据传输过程中的隐私问题。
- 本地部署：对于对数据隐私和性能要求较高的场景，可以选择将大模型部署在本地环境中。本地部署允许用户完全掌控模型和数据，所有计算都在本地设备或内部网络中完成，避免了敏感信息的外泄风险，同时也支持离线运行。此外，可以根据硬件配置（如GPU或专用AI芯片）进行优化，以提升推理速度和效率。然而，本地部署对硬件资源要求较高，初始成本和技术复杂性也较大，需要专业团队负责模型的部署与维护，同时手动更新模型版本也可能带来额外的工作量。

3.2 提示工程

3.2.1 提示工程基本思想

提示工程（Prompt Engineering）是提示学习的一个重要部分，是随着大模型的发展而兴起的一个领域，其核心是如何设计有效的提示词，以引导大模型完成特定任务或生成更准确的输出。提示词是对模型的直接指令或问题描述，可以是一个词、一个陈述句或者一个需要填充的句子片段。通过精心设计提示词，用户能够更好地利用大模型的能力解决各类复杂问题，而不需要重新训练或微调大模型。

例 3.3 以情感分析任务为例，给定一段电影影评的文本，利用人工智能技术判断其情感倾向是积极或消极的。传统机器学习方法需要训练一个针对此任务的分类器才能实现情感分类，而提示工程仅需设计以下模板：

“我对这部电影感到非常满意。这篇影评的情感倾向是[MASK]。选项：积极/消极。”

模型可以通过预测掩码[MASK]位置的词语直接输出结果。这种方法本质上是将分类任务转化为预训练阶段熟悉的“完形填空”问题，从而激活大模型已有的语言理解能力。

针对标注数据量少的小样本学习场景，提示工程表现出更强大的潜力：当输入包含任务描述和少量示例，如“将中文翻译成英文：苹果→apple；香蕉→banana；西瓜→______”时，模型无须任何参数更新即可完成翻译任务，甚至能够处理训练数据中未出现过的新问题。这种能力源于大模型在预训练阶段对海量跨语言文本模式的内隐学习，而提示工程的作用正是通过语义设计唤醒这些潜在知识。

提示工程的基本思想是将大模型看作一个强大的助手，那么给这个助手分派任务的时候，就需要考虑这个助手擅长做什么，具体想让它做什么，如何评估它做出来的“成果”的好坏。围绕以上思想，提示词的设计通常涉及以下步骤：

①**编写清晰的指令：**应明确描述自己的需求，提供完成目标任务的具体信息和细分领域知识，即需要模型完成什么，什么是模型已知的和什么是模型未知的。例如，要求大模型简短回复，或按专业领域要求进行回复等。需求表达得越清楚，得到的回复也就越准确。

②**提供参考示例：**提供几个示例展示所期望的输出格式，可以指导模型按照特定的方式回应。这种方法能够有效对抗大模型的“幻觉”问题，即非常自信而肯定地提供虚假答案，进而误导用户。提供有效的参考示例能够缓解以上问题，而且特别适用于需要特定格式输出的任务。

③**分解复杂任务：**人工将复杂任务拆分为更简单的子任务，或者基于先前任务的输出构建后续任务的输入，提升大模型回复的准确性。虽然大模型能够接受的输

入长度在不断增加，但拆解复杂任务仍然是获得理想输出所必需的。

④**系统化评估**：提供一套方法来评估提示词的好坏。尽管大模型具有强大的性能，但它的输出结果可能不满足要求。好的提示词应该在多次使用中引导模型输出优质的结果。可以通过与标准答案的对比来评估大模型的输出，以改进提示词、提升大模型性能。

⑤**反复迭代**：正如与人类合作一样，与大模型的“合作”往往也需要对模型输出的结果进行多次修改和完善。对于那些大模型非常熟悉的任务，也就是在预训练阶段使用过的任务，可能只需要少量迭代。但是对于那些大模型未见过的新领域或新任务，就需要对提示词进行更多次的迭代和改进。

3.2.2 提示工程技术体系

提示工程的技术体系以上下文学习为基础，通过任务指令与示例激活模型的零样本与少样本推理能力；以推理增强机制为突破，借助思维链、思维树、自洽性验证等技术解决复杂任务的逻辑连贯性难题；以参数化调控方法为杠杆，通过温度系数、采样策略控制输出质量；最终通过自动化提示工程实现系统级优化。这四个层次的技术相互嵌套，共同构成了从语义激发到计算优化的完整解决方案。

（1）上下文学习

上下文学习通过任务指令与示例的语义化编排来激活大模型的推理能力。与传统依赖标注数据进行模型微调的方法不同，该技术将任务目标直接编码为输入序列中的上下文信息，使模型能够基于其在预训练阶段学习到的知识结构动态生成符合预期的输出。其核心价值在于摆脱对大规模数据标注的依赖，实现零样本（Zero-shot）或少样本（Few-shot）学习，零样本学习与少样本学习构成了上下文学习的两大支柱，前者验证了模型对知识的迁移能力，后者提升了特定任务的推理能力。

零样本学习的核心在于探索大模型的知识边界，仅通过抽象的任务描述激发其潜在能力。当输入数据仅包含目标任务的定义而无具体示例时，模型需通过对指令语义的解析，与其在预训练阶段学习到的知识建立关联。例如，在医疗诊断场景中，输入“根据患者症状判断可能的疾病：头痛、发热、畏光”可驱动模型查询病理学知识库，并输出“脑膜炎”等候选诊断结果。这种能力源于模型在预训练阶段对医学文献、病例报告等内容的学习，但其性能受限于任务描述的清晰度及知识关联强度。此外，零样本学习的有效性依赖于预训练模型对语言模式与领域知识的深度融合。许多大模型的训练数据涵盖了法律条文、科研论文、技术手册等内容，使模型能够通过语义联想建立跨领域的知识关联。例如，输入“将量子纠缠现象用比喻解释”，模型可能生成“量子纠缠如同两枚相隔万里的骰子，始终同步显示相同点数”，这种能力源自预训练阶段对科普文本中类比手法的学习。

少样本学习则通过引入任务示例构建更有效的推理，进而提升模型对特定任务的适应性，其核心在于通过上下文中的模式匹配激活模型的类比推理能力。通常在输入数据中提供3~5个典型示例后，模型能够通过类比学习捕捉输入与输出之间的映射规律。

例 3.4 在金融风控场景中，输入“检测异常交易：

示例1：账户A单日跨境转账5笔 → 高风险；

示例2：账户B每月定期转入固定金额 → 正常；

当前交易：账户C凌晨3点突发大额取现 → ______。”

模型能够识别时间与行为模式的关联特征，并准确标注高风险等级。当输入序列包含多个输入—输出对时，模型会构建隐式的映射规则库，并在新任务中检索相似模式。

例 3.5 在化学分子性质预测任务中，输入“预测化学性质：

示例1：CCO → 可溶于水；

示例2：ClCCCCCl → 疏水性；

当前分子：ClC=CC=CCl → ______。”

模型通过比较分子结构片段（如羟基、氯原子取代基）与溶解度的关联规律，推断目标分子的化学性质。这一过程的关键在于示例的多样性与代表性：若示例仅覆盖单一类型的分子结构，模型可能过度泛化局部特征；而覆盖官能团、立体构型等多元特征的示例则能建立稳健的预测逻辑。

需要注意的是，少样本学习的性能提升存在阈值效应，当示例数量过多时，边际效益显著下降，提示开发者需在数据成本与性能需求之间寻求平衡。

总之，上下文学习的技术路径重新定义了大模型在人机协作中的知识传递机制。零样本学习验证了大模型对跨领域知识的分布式表征能力，而少样本学习则通过语义示范实现了专业规则的精准注入。用户在实践中需权衡任务复杂度与数据可用性：对于常识性任务或知识密集度较低的场景，零样本学习能够快速验证模型的基础能力；而在涉及专业术语、复杂逻辑或长尾需求的垂直领域，少样本学习通过有限的示例即可建立高效推理范式。这种分层适配策略不仅降低了人工智能技术的应用门槛，更揭示了预训练模型的认知弹性（即通过语言接口的设计），人类能够以接近自然教学的方式引导机器智能的进化方向。

（2）推理增强机制

推理增强机制通过构建系统化的思维框架与验证体系，提升大模型求解复杂问题的可靠性与可解释性。这一技术不仅突破了传统单步推理的局限性，还通过模拟人类认知过程中的试错、多角度分析以及结果校验等特性，实现了从问题拆解到结论验证的完整闭环。以下以经典的“水桶量水问题”为统一场景，以解决“用3升和5升水桶准确量出4升水”的问题为任务目标，系统阐释思维链（Chain-of-Thought, CoT）、思维树（Tree-of-Thought, ToT）与自洽性验证（Self-Consistency Verification）三大核心技术的协同作用机制及其在复杂推理任务中的应用。

1）思维链

思维链技术首创了一种显式记录与呈现中间推理路径的方法，其核心在于将隐性的思考过程显性化，从而通过模拟人类逐步推演的习惯，将复杂问题分解为一系列可验证的中间状态序列。例如，在解决水桶量水问题时，传统方法可能直接输出最终答案，而采用思维链技术的模型会生成如图3.1所示的推演过程。

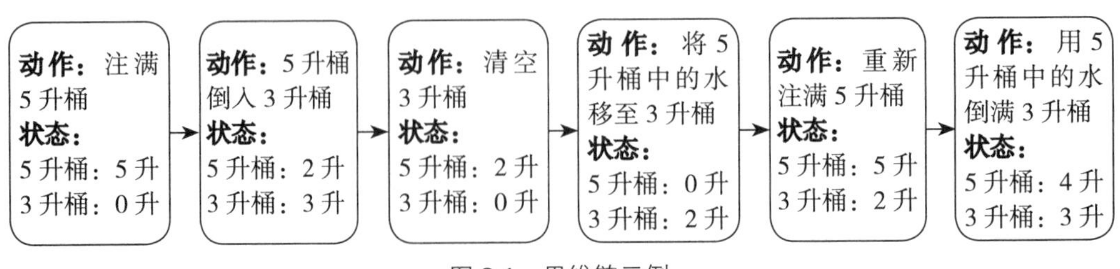

图3.1　思维链示例

这种分阶段的状态记录不仅有效降低了单步推理的认知负荷，更为后续推理提供了可靠的上下文锚点。研究表明，在数学证明、物理问题求解等领域，相较于传统方法，采用思维链技术的模型可显著降低错误率。其关键优势在于，中间状态的显式表示为错误检测和逻辑验证创造了多个节点，使得系统能够在推理过程中快速定位并修正潜在的逻辑矛盾。

2）思维树

思维树技术在思维链的线性结构基础上引入了并行探索机制，构建了一个动态扩展的推理网络。该技术突破了单一路径依赖，允许模型在关键决策点生成多个备选分支，并通过启发式评估选择最优路径。以量水问题为例，当执行到“5升桶剩余2升”的关键节点时，思维树系统会同时生成两条探索路径，如图3.2所示。

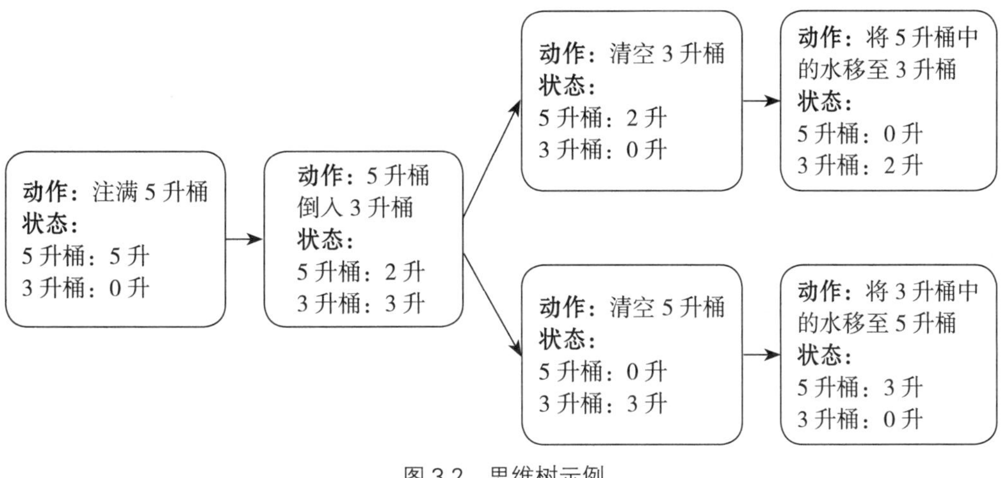

图3.2 思维树示例

每个分支均独立推进直至得出最终结论或发现矛盾，系统则通过预设的评估函数，根据步骤简洁性、资源消耗量等因素动态修剪低效分支。这种多路径探索机制显著增强了模型应对不确定性的能力，在棋类博弈、化学合成路径规划等存在多个局部最优解的场景中，相较于单一思维链，思维树技术能够大幅提升求解成功率。

3）自洽性验证

自洽性验证技术构建了一套概率化的结果校验体系，通过多轮独立推理的结论聚合以提升最终输出的稳定性。该技术首先要求模型对同一问题生成多个差异化的推理路径，然后提取各路径的最终结论进行交叉验证。当配合思维链或思维树技术使用时，自洽性验证可有效提升模型在开放式问题中的答案准确率。其创新之处在于将集成学习理念引入推理过程，通过构建推理路径的多样性来弥补单次推导可能存在的认知偏差。

例 3.6 在量水问题中，系统可能获得三种独立推导方案：通过 5 升桶两次倾倒得到 4 升水，利用 3 升桶三次量取累计差额。采用交替注满与混合测量的创新方法。尽管具体操作步骤各异，但所有有效方案均收敛于“获得 4 升水”的最终状态。自洽性验证通过计算结论分布的一致性程度，可有效识别并过滤由随机性导致的异常值。某个错误路径可能声称获得 3.5 升水，该异常结论因低概率出现而被系统排除。

上述三项技术共同构成了大模型推理增强机制的核心支柱。思维链通过显式记录中间推理路径降低认知负荷，思维树通过多路径探索提升应对不确定性的能力，而自洽性验证则通过结果聚合与交叉验证确保推理的稳定性。三项技术相辅相成，不仅显著提高了复杂问题求解的可靠性与效率，也为人工智能领域提供了从语义理解到行为生成的完整技术栈支持。

（3）参数化调控方法

大模型的参数化调控体系通过动态重构概率空间映射函数，在生成内容的稳定性与创造性之间构建了可量化的平衡机制。作为文本生成风格控制的核心技术组件，温度系数（Temperature Coefficient）和采样策略（Sampling Strategies）分别从概率分布形态优化和候选词筛选机制创新两个维度，实现了对文本生成过程的精细化调控。二者的协同作用构建了一个多维控制平面，使模型能够适配学术文献撰写、文学创作、法律文书生成等跨领域应用场景的需求差异。

1）温度系数

温度系数作为概率分布调控的超参数，通过指数变换对模型输出的logits向量进行非线性缩放，其计算公式如下：

$$P(x_i) = \frac{e^{\frac{z_i}{T}}}{\sum_{j=1}^{n} e^{\frac{z_j}{T}}} \tag{3.1}$$

当温度系数$T > 1$时，概率分布呈现熵增效应，低概率候选词的激活阈值显著降低，促使生成过程趋向于探索性创造；当$T < 1$时，分布呈现峰化现象（Peaked

Distribution），高概率词汇的选择优势被放大，确保生成的保守性与一致性。在古典诗词生成实验中，高温设置更有可能产生“夜雨润花羞”等非传统意象组合，而低温设置则更有可能生成符合格律规范的“山月照松幽”句式。这种调控机制本质上实现了对人类创作思维的双模态模拟：高温对应发散性思维阶段的自由联想，低温则模拟收敛性思维阶段的严谨推理。实际应用中需建立任务导向的参数配置规范，儿童文学作品生成推荐采用较高温度以维持适度想象力，而法律文本生成则需设置较低温度以确保专业术语的精确性。

2）采样策略

采样策略通过定义候选词的筛选规则，约束生成过程的探索空间。主要策略包括贪婪采样、束搜索和Top-*k*/Top-*p*采样。

- 贪婪采样（Greedy Sampling）：始终选择当前概率最高的词汇，虽然保证局部最优，但易导致重复循环。例如，续写科幻小说开头“星际飞船穿越虫洞后”，可能陷入“发现另一个虫洞”的无效情节循环。
- 束搜索（Beam Search）：通过保留多个候选序列来缓解该问题，当设定束宽为4时，系统会并行追踪“遭遇量子生命体”“进入时间漩涡”“检测到未知能源信号”等分支情节。
- Top-*k*采样/Top-*p*采样：Top-*k*采样限定从概率最高的*k*个候选词中随机选择；Top-*p*采样（核采样）动态选择累积概率达阈值的最小词集，Top-*k*采样和Top-*p*采样策略通常组合使用。

温度系数与采样策略的协同调控方法往往联合使用，形成多维控制平面。例如，高温配合Top-*p*采样可激发创造性思维，低温结合束搜索可提升事实性陈述的严谨度。这种协同机制将概率空间的数学操作映射为人类可感知的文本特征，可精细塑造大模型的输出风格。这一协同机制构建了从概率空间到文本特征空间的映射函数，用户可精确控制生成文本的创造性维度和保真度维度。

（4）自动化提示工程

自动化提示工程是将提示优化转化为可计算的优化问题，借助机器学习技术搜索最优提示策略，实现自动优化提示设计，减少人工试错成本，提升提示在复杂任务中的表现。这一领域包含多种技术路径，其中基于强化学习的提示优化方法、元提示技术以及基于遗传算法（Genetic Algorithm）的提示优化是三类具有代表性的解决方案。

● 基于强化学习的提示优化方法：将提示生成视为策略优化问题，构建智能体与语言模型的交互闭环，利用强化学习的奖励函数评估生成结果的质量，进而动态调整提示内容。例如，当希望模型生成更简洁的答案时，系统可自动尝试在提示中添加“用三句话概括”等约束条件，然后根据答案长度和完整性计算奖励值，最终筛选出能稳定触发简洁回答的优质提示模板。

● 元提示技术：突破传统人工设计提示的局限，通过构建元级指令框架，利用高层指令指导模型自主优化提示，使模型能够理解提示优化的目标并执行自我改进。例如，当用户提交“解释量子力学”的请求时，系统可附加元提示“请分析当前提问的模糊点，生成三个更具体的问题引导用户澄清需求”，模型据此输出“您想了解基础概念、数学公式还是实验现象”等引导性问题。这种技术实现了提示优化的递归增强，使模型在对话中动态完善交互策略。

● 基于遗传算法的提示优化：模拟生物进化机制，通过选择、交叉和变异操作筛选优质提示。首先创建包含多样化提示的初始种群，然后通过适应度函数评估各提示的效果，保留高分个体并重组其语义特征。例如，在情感分析任务中，系统可同时生成“请判断情感倾向”“分析这段话的情绪”等提示，再根据模型输出与标注数据的匹配度进行筛选。经过多代进化后最终保留的提示既能准确触发目标功能，又具备较强的泛化能力。这种全局搜索策略有效避免了局部最优陷阱，尤其在复杂任务中展现出显著优势。

以上三类技术共同构成了自动化提示工程的方法体系，分别从动态交互、自我指导和全局搜索维度突破人工设计的局限性。强化学习注重实时反馈的渐进式优化，元提示强调模型自主推理能力，遗传算法则擅长探索多维解空间。实际应用中可根据任务需求进行技术融合。例如，将元提示生成的候选提示作为遗传算法的初始种群，再通过强化学习进行精细调优。这种复合式方法已在智能客服、文本摘要等场景取得显著效果，标志着提示工程进入系统化、智能化的发展新阶段。

3.3 大模型应用

3.3.1 检索增强生成

（1）传统大模型技术的局限性

尽管大模型技术在自然语言处理领域取得了突破性进展，但其纯粹依赖模型参数存储知识的模式存在多重难以突破的瓶颈：

● 时效性不足导致难以处理动态变化的信息：当用户询问“最新流感变异株特性”时，模型可能输出数月前甚至数年前的过时信息。

● 幻觉问题使得生成内容可能包含事实性错误：在生成科技论文摘要时，可能编造不存在的实验结论或引用已撤销的研究数据。

● 领域知识缺失限制了模型在专业场景中的表现：面对医学诊断类问题时，可能因缺乏最新临床指南的支持而给出错误建议。

这些缺陷本质上源于模型训练数据的静态性与知识更新机制的缺失，以及参数化知识存储方式在容量和准确性上的双重约束。

时效性问题的根源在于模型训练与知识更新存在不可调和的时间差。大模型通常使用固定时间窗口内的数据进行训练，而现实世界的信息瞬息万变。例如，在快速迭代的科技领域，模型可能无法识别最新发布的芯片型号、软件版本或行业标准；在新闻事件中，模型对突发事件的描述可能滞后于实际进展数小时甚至数天。这种滞后性不仅影响用户体验，更可能导致关键决策失误。幻觉问题与模型的生成机制密切相关，当遇到知识盲区时，模型可能通过概率推断生成看似合理但实则错误的内容。这种现象在涉及具体事实陈述时尤为突出，如将已解散的乐队描述为“活跃中”，或将已废止的法律条款列为现行规定。领域知识缺失主要源于通用训练数据的局限性，医疗、法律、金融等领域需要高度专业的知识体系，普通大模型难以有效提取和表示这些复杂知识。

上述多种局限性相互交织，共同揭示了大模型的根本性约束：其知识体系本质上是对训练数据的压缩表征，无法突破预训练阶段形成的认知边界。当面对需要实时数据支持、严格事实校验或深度领域知识的任务时，单纯依赖模型参数内存储的知识将面临系统性风险。这种困境推动着技术的演进，检索增强生成技术应运而生。该技术将大模型的生成能力与信息检索系统相结合，在生成过程中实时获取最新、最准确的知识。其基本原理可类比为人类认知过程，当遇到未知问题时，不能凭空臆断，而应该查阅权威资料再形成结论。例如，在处理医学咨询问题时，可从权威医学数据库中检索相关病例、诊疗指南和药物相互作用信息，再将这些知识融入答案生成的过程。

（2）检索增强生成技术

检索增强生成技术的核心架构由检索器、生成器和融合机制三个模块构成：

①**检索器：**作为信息获取的前端组件，其核心功能是从海量知识库中精准定位与输入问题相关的知识。这一过程需要解决两个关键问题：如何高效索引大规模异构数据，以及如何根据输入检索最相关的知识。例如，在医疗场景中，检索器需从数百万篇医学文献中快速筛选出与特定病症相关的最新研究，这要求系统具备多模态检索能力，既能处理文本数据，也能解析医学影像等非结构化信息。检索器的性能直接影响后续生成质量，若提取的知识不完整或存在偏差，将直接导致生成结果失真。

②**生成器：**负责将检索结果与原始输入进行整合，并生成最终输出内容。该模块需要处理两类信息的融合：模型自身参数化知识与外部检索知识的动态结合。例如，在新闻摘要生成任务中，生成器既要保留预训练模型对语言结构的理解，又要将实时检索到的事件进展融入摘要内容。这要求模型具备多源信息整合能力，常见实现方式包括将检索结果作为附加特征输入模型，或通过注意力机制动态调整不同信息源的权重。生成器的设计关键在于平衡外部知识的引导作用与模型自身的创造性，过度依赖检索结果可能导致输出内容缺乏灵活性，而完全忽视外部知识则无法发挥检索增强的优势。

③**融合机制：**连接检索器与生成器的关键桥梁，决定了外部知识如何影响生成过程。其核心任务是将离散的知识片段转化为模型可理解的信号，并控制这些信号在生成决策中的作用强度。具体方法是在模型输入层直接拼接检索结果，通过知识增强型注意力机制调整隐藏状态，或在输出层引入知识约束条件。例如，在法律文书生成中，融合机制可能强制要求特定法律条款必须出现在输出文本中，这通过将检索结果与生成概率分布直接关联实现。融合机制的有效性取决于对任务特性的精

准把握，在事实性要求高的场景中需要强约束，而在创意性任务中则应采用更灵活的融合策略。

以上三个模块的协同优化构成了检索增强生成技术的完整工作流。检索器为生成器提供知识基础，生成器通过融合机制有效利用这些知识，而融合策略又反过来指导检索器的优化方向。各模块存在不同技术挑战，而分工协作的架构使得检索增强生成既能保持大模型的泛化能力，又能获得领域知识的精准支撑，从而在知识密集型任务中展现出显著优势。

（3）解决方案

检索增强生成（Retrieval-augmented Generation, RAG）技术作为突破传统大模型局限性的关键路径，已经涌现出多种创新的解决方案。下面介绍几类常见的RAG框架。

1）AnythingLLM

AnythingLLM是一个开源的、可定制的、功能丰富的文档聊天机器人框架，专为希望与文档进行智能对话或利用现有文档构建知识库的用户设计。AnythingLLM能够将任何文档、资源转化为大模型在聊天中可以利用的相关上下文，支持多用户管理及权限控制，确保数据安全和高效协作。通过AnythingLLM，用户可以轻松地将文档知识融入对话中，实现更自然、更智能的交互体验。

2）Dify

Dify是一个开源的大模型应用开发平台，它融合了后端即服务和LLMOps理念，为开发者提供了一个用户友好的界面和一系列强大的工具，旨在简化和加速生成式AI应用的创建和部署。Dify支持多种大模型，并与多个模型供应商合作，确保开发者能根据需求选择最适合的模型。开发者可以通过Dify轻松地将检索增强生成技术融入自己的应用中，实现高效的知识检索和生成。

3）LangChain

LangChain是一个开源的应用框架，旨在简化使用大模型构建应用程序的过程。它提供了标准接口来连接不同的语言模型，以及与外部工具和数据源的集成，使开发者能够方便地将大模型接入自己的程序，并串联起各种模块构建复杂的应用。在检索增强生成方面，LangChain支持多种向量数据库和检索策略，帮助开发者实现高效的知识检索和融合。

4）GraphRAG

GraphRAG是一种结合了知识图谱和图机器学习技术的新型检索增强生成模型，旨在提升大模型在处理私有数据时的理解和推理能力。它通过将非结构化的文本数据转换为结构化的图谱形式，并利用图神经网络等图机器学习技术挖掘知识图谱中的深层信息和复杂关系，从而提升了模型在问答、摘要和推理任务中的表现。

这些解决方案各有侧重，但共同之处在于都致力于将外部知识与大模型能力相结合，实现更高效、更准确的生成。AnythingLLM注重文档聊天和知识库构建，Dify强调应用开发的简化和加速，LangChain则专注于大模型应用的构建和集成，而GraphRAG则通过知识图谱和图机器学习技术提升了大模型的处理能力。开发者可以根据自己的需求和场景选择合适的解决方案，或者结合多种技术实现更复杂的检索增强生成应用。这些框架的不断发展和完善，将推动检索增强生成技术向更智能、更可靠的方向演进。

例 3.7 以某跨国科技公司的企业内部智能问答系统为例，RAG系统构建流程如表 3.2 所示。该跨国科技公司拥有庞大的知识库，包括技术文档、市场分析报告、内部培训资料以及各类政策文件。然而，传统的关键词检索系统在面对复杂问题时往往无法提供准确且全面的答案。此外，随着公司业务的快速发展，新知识不断涌入，如何确保问答系统的时效性也成为一大挑战。为了应对日益增长的信息需求，该公司决定利用RAG技术构建企业内部智能问答系统。该系统旨在为员工提供即时、准确的回答，覆盖从产品技术细节到公司政策流程的全方位知识。

表 3.2 RAG案例分析

实施阶段	实施内容
数据准备与索引	团队对现有的知识库进行了全面的梳理和分类，确保数据的完整性和准确性。然后，使用 LangChain 的文档加载器和文本拆分器，将大型文档拆分成小块文本，并进行向量化编码。这些向量被存储在向量数据库中，以便后续的高效检索。
检索器设计与优化	检索器是 RAG 系统的核心组件之一。团队设计了一个基于语义相似度的检索方法，能够根据用户输入的问题，从向量数据库中快速检索出最相关的知识片段。为了提高检索的准确性和效率，团队引入稠密检索技术，对检索结果进行进一步的筛选和排序。

续 表

实施阶段	实施内容
生成器与融合机制	生成器负责将检索到的知识片段与用户输入的问题进行融合，并生成最终的回答。团队选择了一个预训练的大模型作为生成器，并通过微调使其更好地适应企业内部的知识领域。在融合机制方面，采用了 LangChain 提供的自定义指令模板，确保生成器能够充分利用检索到的知识，同时保持回答的流畅性和准确性。
系统测试与优化	系统构建完成后，团队进行了多轮测试，包括功能测试、性能测试以及用户接受度测试。通过收集用户反馈和数据分析，团队不断优化系统的检索方法、生成策略以及用户界面，确保系统能够满足员工的实际需求。

经过数月的努力，企业内部智能问答系统正式上线运行。系统上线后，员工的知识获取效率显著提升，复杂问题的解答时间显著缩短。同时，系统的准确性也得到了广泛认可，员工对系统提供的答案满意度极高。

3.3.2 大模型智能体

随着人工智能技术的不断演进，智能体（Agent）作为具备感知、规划与行动能力的技术形态，正逐步成为连接虚拟与现实、理论与实践的重要桥梁。智能体技术通过模拟人类智能的决策与交互过程，实现了从简单任务执行到复杂问题解决的跨越。从ReAct、AutoGPT等典型框架的提出，到斯坦福虚拟小镇、MetaGPT等多智能体系统的创新实践，智能体技术不仅展现了其在自动化、智能化任务处理中的卓越能力，更在构建复杂、灵活且高度适应性的智能生态系统方面展现出无限可能。智能体技术的深入发展，不仅将推动大模型技术向更高层次迈进，更为未来智能社会的构建奠定了坚实基础。

（1）智能体基本概念

大模型智能体作为人工智能领域的新兴研究方向，正在重塑人机协作范式，推动人工智能系统从被动响应向主动作为的范式转变。它将大型语言模型的强大语言理解能力与自主决策、环境感知、任务执行等能力相结合，构建出能够主动感知需求、规划行动并持续学习的智能实体。这种智能体不仅具备知识推理能力，更能通过与环境交互实现目标导向的行为，标志着人工智能系统向更高级智能形态的演进。

从技术本质来看，大模型智能体是语言模型能力与代理框架的融合创新，它基于预训练语言模型构建认知核心，通过强化学习、规划算法和工具接口扩展行动能力。这种架构使得智能体既能理解复杂语义指令，又能将语言输出转化为具体行动，如自动编写代码、操控机械臂或协调多系统协作。具体而言，智能体通过自然语言接口接收用户指令，利用大模型进行任务解析和意图识别，结合环境感知模块获取实时数据，再通过决策规划系统生成可执行的动作序列，最终通过执行器完成实际操作。这种多模态交互与复杂任务执行能力，使得智能体能够处理传统人工智能系统难以应对的开放世界问题。

智能体的核心能力体现在三个维度：

● 环境感知与理解：通过接入传感器数据、网络API或文档数据库，智能体能实时获取并分析环境状态。例如，在智能家居场景中，智能体可通过物联网传感器感知温度、湿度等环境参数，结合用户习惯数据理解当前需求；在医疗领域，智能体可整合电子病历、实时监测数据和医学文献，构建全面的患者健康画像。

● 决策与规划：基于对当前状态和目标的理解，运用蒙特卡洛树搜索、启发式算法或深度强化学习等方法生成行动序列。例如，在物流配送路径规划中，智能体可综合考虑交通状况、货物优先级等因素，动态调整配送路线以优化效率。

● 执行与反馈：通过调用外部工具或控制设备实现规划目标，并根据执行结果调整策略。这种闭环能力使智能体能在动态环境中持续优化表现。例如，智能客服系统可根据用户情绪反馈调整沟通策略，或自动驾驶系统根据路况变化实时修正行驶轨迹。

大模型智能体的价值不仅在于技术突破，更在于其开创的应用场景。在医疗领域，智能体可整合电子病历、医学文献和实时监测数据，辅助医生制定个性化治疗方案。例如，IBM Watson for Oncology通过分析大量临床案例和医学研究成果，为肿瘤患者提供治疗建议，缩短方案制定时间。在金融行业，智能体能自动分析市场趋势、生成交易策略并执行风险监控。彭博社的金融智能体已能实时处理新闻资讯、财报数据和交易信息，为投资者提供决策支持。在智能制造中，智能体可协调机器人集群完成复杂装配任务，通过动态任务分配和路径规划，极大提升生产效率。这些应用验证了智能体在解决复杂现实问题中的潜力，预示着人机协作将进入新的发展阶段。

值得注意的是，大模型智能体的发展仍面临技术挑战。环境感知的准确性和实时性、决策规划的鲁棒性、执行反馈的闭环效率等问题仍需持续突破。但随着多模态学习、具身智能等技术的进展，大模型智能体正在向更自主、更智能的方向演进。未来，这类智能体有望在更多领域发挥关键作用，推动人工智能技术从实验室走向真实世界的复杂应用场景。

（2）典型智能体框架与应用

大模型智能体的典型框架与应用体系呈现出多元化发展态势，其中ReAct和AutoGPT作为两类代表性架构，分别从任务执行机制与工程化平台维度推动了智能体技术的实用化进程，正日益受到关注。

1）ReAct框架

ReAct是Reason and Act的缩写，该框架强调智能体在动态环境中的推理与行动能力，通过持续的环境感知和即时推理，使智能体能够灵活应对不断变化的环境和任务需求。ReAct框架的核心在于其循环迭代的工作机制：首先，根据当前状态和目标进行推理，生成一系列可能的行动方案；随后，选择并执行其中一个方案，并观察执行结果；最后，根据观察结果更新内部状态，并重复上述推理与行动过程。这种机制使得ReAct智能体能够在复杂环境中自主决策、动态调整，并不断优化其行为策略。ReAct框架已被广泛应用于自动驾驶、灾害救援等领域，展现了其在实时性要求较高的场景中的巨大潜力。

2）AutoGPT

AutoGPT是一种基于GPT模型的智能体开发框架，标志着智能体技术向端到端自动化方向的跨越，推动了智能体技术的实用化进程，通过结合自然语言处理、任务规划和自动化技术，使智能体能够自主执行任务并生成内容。用户只需为AutoGPT设定一个或多个目标，它就能自动拆解任务、规划行动，并通过调用外部工具和服务来完成任务。AutoGPT的核心优势在于其高度的自主性和灵活性，能够根据任务需求动态调整策略，并与其他系统进行无缝集成。AutoGPT已被用于编写代码、生成报告、进行数据分析等多种场景，极大地提高了工作效率和创造力。

ReAct和AutoGPT作为两种典型的智能体框架，各自具有独特的技术特点和优势。ReAct框架强调推理与行动的紧密结合，适用于需要快速适应环境变化的场景；

而AutoGPT则更注重自主性和灵活性，适用于需要处理复杂任务和动态内容的场景。两者在实际应用中均取得了显著成效，为智能体技术的发展和应用提供了有力支持。

（3）从单智能体到多智能体

在人工智能领域，多智能体框架作为一种新兴的技术范式，正逐渐展现出其在复杂系统模拟和智能决策方面的巨大潜力。其中，斯坦福虚拟小镇和MetaGPT作为多智能体框架的典型代表，不仅提供了全新的视角来审视智能体间的协作与交互，更在实际应用中取得了令人瞩目的成果。

斯坦福虚拟小镇是一个由斯坦福大学开发的创新项目，它构建了一个由多个智能体组成的虚拟世界。在这个虚拟小镇中，每个智能体都拥有独特的身份、性格、记忆和目标，它们能够像真实的人类一样生活、工作、社交，甚至进行对话。这些智能体基于大模型驱动，通过自然语言描述生成自己的行为决策和对话内容，从而形成一个复杂而逼真的社会环境。斯坦福虚拟小镇不仅展示了大模型的强大能力，更提供了一个研究智能体间社会行为、情感交流和道德判断的平台。在实际应用中，这种虚拟小镇可以用于模拟城市规划、社会政策制定等场景，帮助决策者更好地理解人类行为和社会动态。

MetaGPT是另一个引人注目的多智能体框架，旨在通过模拟软件公司中的多角色协作流程，完成复杂任务的自动化处理。MetaGPT将标准化操作流程与智能体技术相结合，使多个AI智能体能够像真实团队一样分工合作，显著提升任务执行效率和输出质量。在MetaGPT中，每个智能体都被赋予了特定的角色和职责，如产品经理、架构师、工程师等，它们通过共享环境、标准化输出、发布—订阅机制等方式实现高效协作。这种框架不仅适用于软件开发领域，还可以扩展到数据分析、智能体开发等多个领域，为复杂任务的自动化处理提供了新的解决方案。

斯坦福虚拟小镇和MetaGPT作为多智能体框架的典型应用，各自展现了独特的优势和潜力。斯坦福虚拟小镇通过模拟真实的人类社会行为，提供了研究智能体间社会交互的平台；而MetaGPT则通过模拟软件公司中的多角色协作流程，实现了复杂任务的自动化处理，提高了工作效率和输出质量。

随着人工智能技术的不断进步和应用场景的持续拓展，可以预见，多智能体系统将在城市规划、交通管理、智能制造、金融服务等多个领域展现出巨大的应用潜力。这些系统将能够自主感知环境、做出决策、执行任务，并与人类进行自然流畅的交互，为人们的生活和工作带来前所未有的便利和效率。

思考题

1. 查阅资料并简述传统语言模型与大模型的区别和联系。

2. 简述预训练技术与微调技术的区别。

3. 简述提示学习的目的，以及它与传统机器学习方法的区别。

4. 简述使用大模型时Web访问方式与API调用方式的区别，以及使用API调用的场景。

5. 选择一个特定大模型，对比使用提示词和不使用提示词时的模型输出结果。

6. 若需要使用大模型辅助写一篇关于提示工程的调研报告，简述将这个复杂的任务分解为更适合大模型处理的子任务的思路。

7. 结合图3.1与图3.2，简述思维链技术与思维树技术的区别。

8. 简述检索增强生成（RAG）技术的作用。

9. 查阅资料并简述RAG技术中的检索器与传统信息检索技术的区别和联系。

10. 举例说明智能体应用与RAG应用的区别。

4 自然语言处理

自然语言处理（Natural Language Processing, NLP）是实现人与计算机之间用自然语言进行有效通信的各种理论和方法，旨在使计算机能够理解和处理人类的语言，是语音识别、智能翻译、文本生成、对话系统等众多人工智能应用的核心。通过本章的学习，读者将了解自然语言处理的基本概念、工作原理以及在日常生活中的实际应用，掌握如何借助相关人工智能工具提升学习、创作和表达的效率。

4.1 自然语言处理概述

自然语言是人类在日常交流中自然形成的语言，自然语言处理是计算机科学和语言学的交叉领域，它让计算机能够理解、解释、生成自然语言，并且实现与人类语言的互动。得益于深度学习、神经网络和大型预训练模型的快速发展，自然语言处理技术在理解上下文、处理多轮对话、生成高质量文本等方面取得了显著突破。文本生成技术使人工智能能够自动撰写内容，从新闻报道、电子邮件到歌词、剧本，应用场景不断拓展。文本分类和信息提取技术从海量信息中提取出关键人物、事件和地点等信息，如垃圾邮件识别、新闻摘要生成，极大提升了信息处理的效率。情感分析广泛应用于社交媒体舆情监测、客户反馈分析、品牌声誉管理等领域，为企业决策提供数据支持。问答系统使得人工智能能够像人一样理解问题并给出答案，这在智能搜索引擎和虚拟助手中被广泛应用。

4.1.1 自然语言处理面临的挑战

计算机语言（如代码）是精确和固定的，与之相比，人类语言是非常复杂和模糊的，充满了变化和不确定性，这对自然语言处理而言是必须面对的问题。

（1）人类语言的上下文依赖关系

人类语言的同一句话可能根据上下文有不同的意思。例如，“我吃了一个香蕉”，这可能只是一个简单的描述。“我吃了一个香蕉，所以我很健康”，这里加入了因果关系，句子的含义变得更深刻。自然语言处理需要学习并理解这种上下文之间的逻辑关系。

（2）人类语言的多义性

人类语言的同一个词语可能会有多个含义。例如，英语中的单词“bank”可以指“河流的岸边”，也可以指“银行”。中文中的词语“苹果”可以指一种水果，也可以指手机品牌中的“苹果”牌手机。自然语言处理需要根据上下文判断这个词的具体含义。

（3）人类语言的口语与书面语差异

人类语言对于同一件事情的描述，口语和书面语的表达方式往往不同。例如，在聊天时可能会说“这个事儿挺好玩的”，但在正式写作中会写成“这件事很有趣”。自然语言处理需要理解这种语言风格的差异。

（4）人类语言的隐喻

人类语言经常使用隐喻和模糊表达。例如，“他像狮子一样勇敢”并不是说他真的是一只狮子，而是形容他很勇敢。再例如，“你真了不起！”可能是正向的表扬，也可能是反向的讽刺。这种隐喻对自然语言处理来说是很大的挑战。

为了解决以上这些人类语言中的实际问题，自然语言处理经历了长时间的探索和研究，尝试并研发了很多不同的方法和技术，极大地推动了人工智能的发展。

4.1.2 自然语言处理发展简史

自然语言处理的发展历程可以分为几个主要阶段，每个阶段都有不同的技术、方法和应用方向。

（1）萌芽期：基于规则的初步探索（20 世纪 50 年代—60 年代）

自然语言处理的研究始于 20 世纪 50 年代，核心目标是实现机器翻译。在冷战背景下，美国国防部资助了早期研究项目，如 1954 年由 IBM 与乔治敦大学联合开发的俄英翻译系统。该系统通过人工编写的语法规则，实现从俄语词汇到英语词汇的简单替换。英国数学家艾伦·图灵在 1950 年提出的“图灵测试”为机器理解语言提供了理论方向，而语言学家 Yehoshua Bar-Hillel 则揭示了语言歧义性（如“银行”的多重含义）对机器翻译的挑战。这一阶段依赖“符号主义”理论，即通过逻辑规则模拟人类语言行为，但其局限性显著：规则需人工编写且难以覆盖复杂语言现象，导致翻译结果生硬且适用范围狭窄。

（2）规则与统计的初步融合（20 世纪 70 年代—80 年代）

随着计算机应用场景扩展，研究者开始尝试结合规则与统计方法。麻省理工学院（MIT）的 Terry Winograd 于 1972 年开发了 SHRDLU 系统，该系统能在虚拟积木世界中解析自然语言指令（如“移动红色方块至蓝色方块下方”），核心技术包括有限状态自动机和语义解析框架。与此同时，IBM 在语音识别领域引入隐马尔可夫模型（HMM），通过统计概率模型提升语音转文本的准确性。这一阶段的理论突破在于“概念依存理论”——尝试让机器理解语言背后的意图而非仅仅理解表层结构。然而，系统仅能在封闭领域（如积木世界）运行，且需耗费大量人力构建知识库，难以处理开放领域的实际对话需求。

（3）以统计学习为主导的实用化阶段（20 世纪 90 年代—21 世纪初）

互联网的兴起推动了数据驱动方法的突破。谷歌与微软等公司利用海量文本数据开发统计模型。2006 年发布的谷歌翻译早期版本采用“统计机器翻译”技术，通过分析双语对照语料库中的词汇共现概率实现翻译。核心技术包括 N-gram 语言模型（基于相邻词汇的共现概率预测文本）和最大熵模型（平衡多特征权重进行决策）。这一阶段标志着自然语言处理从实验室走向实际应用，例如，亚马逊的早期商品评论分析系统。但统计模型仍存在明显缺陷：无法捕捉长距离语义关联（如段落中的指代关系），且依赖人工标注数据导致成本高昂。

（4）深度学习的颠覆性变革（2010 年—2020 年左右）

2010 年以后，随着深度学习的兴起，自然语言处理迎来了新的突破。尤其是循环神经网络（RNN）和长短时记忆网络（LSTM）的应用，使得模型能够更好地处理语言的上下文关系和处理长序列数据时的梯度消失问题。2013 年谷歌发布的Word2Vec模型通过词向量（将词汇映射为高维空间向量）实现语义关系量化；2017 年Transformer架构的提出解决了长序列建模难题；2018 年谷歌的BERT模型与OpenAI的GPT系列通过预训练技术在多类任务中超越人类表现。企业应用迅速铺开：微软将BERT集成至必应搜索引擎实现语义检索，Salesforce利用GPT-3 生成营销文案。然而，深度学习模型的训练需消耗巨量算力（训练GPT-3 耗电约 1287 兆瓦时），且存在生成虚假信息（"幻觉问题"）与伦理风险（如性别偏见放大），促使Meta等公司成立人工智能伦理研究团队。

（5）多模态与通用智能的探索（2020 年至今）

当前研究聚焦跨模态融合与通用人工智能。谷歌的PaLM-E模型（2023 年）结合视觉、语言与机器人控制，实现"将蓝色方块放入抽屉"等跨模态指令解析；OpenAI的GPT-4V（2023 年）支持图文混合输入生成分析报告；Anthropic的Claude 3（2024 年）通过宪法降低人工智能技术有害内容生成概率。技术挑战包括多模态数据对齐、模型可解释性提升以及法律风险应对——例如，Adobe的AI生成内容版权标识技术，以及欧盟《人工智能法案》对生成式AI的合规要求。学术界与产业界正协同探索下一代技术框架，如Yann LeCun提出的自主智能架构与李飞飞团队的多模态因果推理模型。

自然语言处理从符号主义方法、统计学方法到深度学习方法的转变，展示了该领域在技术上的进步。从最初的简单机器翻译、语法分析到现在的深度语义理解和生成式模型，自然语言处理已经在多个领域取得了显著成就。随着大规模预训练模型的普及和多模态学习的兴起，未来自然语言处理将继续向更加智能和高效的方向发展，并在更多实际应用中发挥重要作用。

4.1.3 自然语言处理常用大模型

（1）国外自然语言处理大模型

1）GPT系列（OpenAI）

GPT（Generative Pre-trained Transformer）系列由美国人工智能研究机构OpenAI研发，首代模型发布于 2018 年，其里程碑版本GPT-3（2020 年）与GPT-4（2023

年）基于Transformer架构构建，通过自注意力机制实现文本生成与理解。该系列模型采用“预训练＋微调”技术路径，在海量互联网文本中学习语言规律。其核心优势在于创造性内容生成能力，如为舞台剧编写剧本草稿、为体育赛事撰写多语种解说词。最新版本GPT-4 Turbo（2023年）支持图文混合输入，可分析运动员训练视频并生成动作改进建议。

2）Gemini系列（Google）

谷歌于2023年发布的Gemini模型（前身为2022年的PaLM）采用混合专家系统（MoE）架构，通过并行化处理提升逻辑推理能力。该模型在多模态任务中表现突出，如解析舞蹈教学视频中的肢体语言与音乐节奏的关联性，或为体育战术板上的阵型图生成文字说明。其特色在于强大的数学与代码生成能力，可辅助艺术设计领域的参数化建模，如根据关键词“现代主义风格”生成三维建筑曲面方程。

3）Llama系列（Meta）

Meta公司自2023年起开源发布的Llama系列模型（Llama 1至Llama 3），基于高效参数压缩技术降低算力需求。其轻量化版本可在移动设备上运行，特别适合体育赛事现场应用，如实时翻译教练的战术布置或生成艺术展览的AR导览字幕。作为开源模型，Llama允许使用者使用自有数据集进行二次训练，如用中国书法数据集微调模型生成篆刻印章设计方案。

4）Claude系列（Anthropic）

Anthropic公司研发的Claude系列（2023年Claude 2至2024年Claude 3）采用宪法AI技术，通过预设伦理规则约束模型输出。该模型擅长处理长文本分析任务，如通读整部《奥林匹克宪章》后提取赛事组织规范要点，或为大型艺术展策划方案提供合规性审查。其特色在于上下文记忆窗口长达20万token，可连续分析长达3小时的体育赛事录像和解说音频。

（2）国内自然语言处理大模型

1）文心一言（百度）

百度于2021年推出文心大模型体系，其通用对话模型文心一言在2023年迭代至4.0版本。该模型基于知识增强技术，融合《四库全书》等中文典籍与当代网络语料，在国风艺术创作中具有独特优势，如生成融合传统工笔技法与数字媒体风格的绘画提示词。在体育领域，其多模态版本可将“太极拳云手势”动作捕捉数据转化为诗词意象描述，助力武术文化传播。

2）星火大模型（科大讯飞）

科大讯飞2022年发布的星火大模型（2023年升级至3.0版本）专注语音交互技术突破，其语音识别错误率低于1.5%，支持20种中国方言与专业体育术语识别。该模型已应用于艺术院校声乐教学场景，可实时分析演唱者的气息控制与音准偏差；在竞技体育中，其多模态版本能通过运动员心率数据与训练录像的交叉分析，生成个性化体能提升方案。

3）通义千问（阿里巴巴）

阿里巴巴2023年发布的通义千问大模型（2024年升级至2.0版本）采用多模态统一架构，支持文本、图像、视频的联合理解。在艺术领域，其“智能策展人”功能可分析画作色彩分布与观众动线数据，优化展览空间设计；在体育产业中，该模型能自动生成赛事赞助方案，通过品牌调性分析与往期案例库匹配，提出符合球队文化特色的商业合作建议。

4）GLM系列（智谱AI）

智谱AI研发的GLM系列模型（2022年GLM-10B至2024年GLM-4）采用中英双语平衡训练策略，其代码生成能力支持艺术科技（ArtTech）应用开发，如为交互式体育雕塑编写Arduino控制程序。在教育领域，其“文档结构化引擎”可将散乱的训练日志自动整理为标准化报告，帮助教练团队快速提取运动员状态变化趋势。

5）DeepSeek （深度求索）

深度求索研发的大模型体系于2023年正式发布，其通用模型DeepSeek-R1聚焦复杂逻辑推理与STEM （科学、技术、工程、数学）任务。该模型基于混合专家架构（MoE），通过分阶段训练策略提升数学问题求解能力。在艺术领域，其几何建模模块可辅助生成参数化设计图案（如体育场馆的拓扑优化结构）；在体育科研中，能解析运动生物力学方程并可视化三维动作轨迹，如可根据短跑运动员的步频与步幅数据，自动生成爆发力训练建议方案。

6）豆包（字节跳动）

字节跳动于2024年推出的“豆包”大模型，针对短视频与实时互动场景进行优化。其核心技术包括动态视频语义理解框架与多模态实时生成引擎，支持从体育赛事直播流中提取关键事件（如足球进球瞬间）并自动生成集锦片段。在艺术创作中，该模型的“分镜生成”功能可将剧本文字转化为动画分镜脚本，支持调整画面构图与运镜风格；其轻量化版本已应用于抖音平台的“AI运动教练”，通过手机摄像头实时分析用户健身动作并提供纠错指导。

4.2 自然语言处理基础

本节介绍自然语言处理的关键核心技术。如图 4.1 所示，这是一个根据句子文字判断情感态度的情感分析任务。情感分析是经典的自然语言处理任务，其目标是从文本中识别和提取情感倾向，判断文本作者的情感态度是积极的、消极的还是中性的。图中主要涉及词向量表示、文本相似度计算和语言模型三个环节，词向量将文字转化为计算机能够读懂的信息，文本相似度来理解文字内涵，而语言模型则是如何生成文字，分别对应文字信息输入、文字信息处理和处理结果输出的三个环节（如图 4.1 所示）。词向量的表示为自然语言处理提供了强大的特征表示，文本相似度计算帮助模型理解和比较文本内容，而语言模型则赋予模型生成自然语言文本的能力。这三个技术相互关联、相互促进，分别承担着计算、理解和生成的作用，共同构成了自然语言处理的核心技术体系。

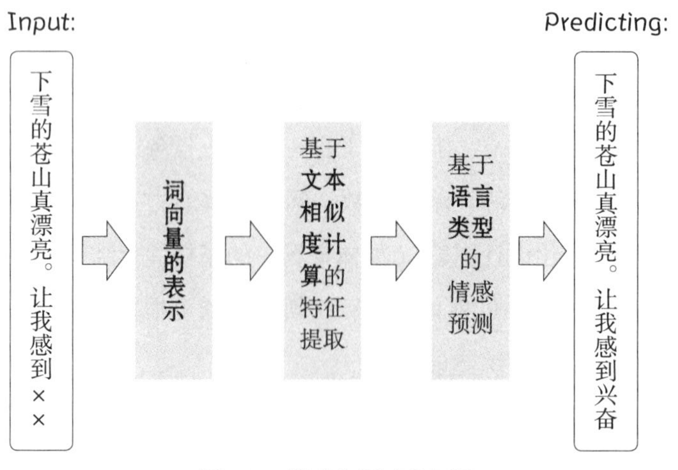

图 4.1　情感分析过程示例

4.2.1 词向量的表示

为了使计算机能够理解和处理自然语言文本，需要将文本中的词汇转换为计算机能够处理的数值形式。词向量表示是让计算机“看得懂”文字的关键步骤。它不仅将文字转换为计算机能够理解的信息模式，还保留了词汇的语义信息，为后续的情感分析奠定了基础。

计算机理解文字需要对词汇进行编码，词向量表示可以将词汇从人类表示转为计算机表示。通常分为两类：独热表示（One-Hot Encoding）和分布式表示（Distributed Representation）。

（1）独热表示

独热表示是一种应用于词汇特征的二进制表示方法，其核心是为每个词汇创建一个二进制特征向量，向量的长度等于需要编码的词汇数量。对于每个词汇，只有与其对应的特征位置为 1，成为激活特征，其余位置为 0。如图 4.2 存在词汇种类“馒头”“包子”“饺子”“悲伤”“高兴”以及“愉快”，对于这 6 个种类的词汇分别创建一个长度为 6 的二进制特征向量，即向量的长度等于需要编码的词汇数量，对于每个词汇，只有与其对应的特征位置为 1，其余位置为 0。例如，“馒头”的编码为“100000”（如图 4.2 所示）。

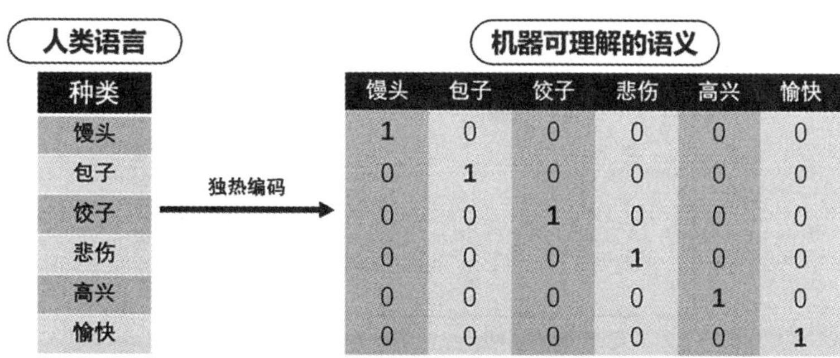

图 4.2　独热编码示例

当词汇数量增加为 N 时，向量的长度相应扩充，但实际应用中 N 的取值不能太大。一方面，当 N 不断增大时，更多的历史信息被获取，一定程度上增大了预测的准确度，但这也使得数据稀疏问题更加严重，即很多预测概率为 0；另一方面，随着词表中的词的数量增加，机器表示的长度逐渐增加，会导致数据存储开销巨大。

此外，由于使用独热表示后的句子或章节文本仅仅将词符号化，而语义信息缺失，下游任务中很难基于语义对文本进行理解和处理。例如，“粉丝”这个词在不同的语境中有多种含义，既可以指某种食物，也可以指某人或某事物的崇拜者或爱好者。所以，如何将语义融入词表示中成为一个挑战。在此背景下，分布式表示应运而生。

（2）分布式表示

分布式表示是一种将词汇表示为低维、稠密的向量的方法，这些向量能够捕捉词汇的语义和语法信息，如图 4.3 所示。分布式表示得到的词的编码称为词向量，每一个词由实数组成的多维向量组成，这种词向量在语义空间对应一个唯一的位置。词和词之间在语义空间的相对距离，表示语义相似程度和偏离方向，其中同类型词语在语义空间中距离较近。

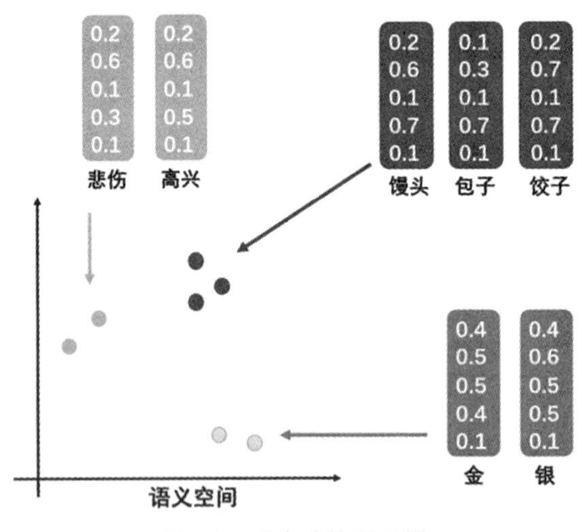

图 4.3　分布式编码示例

独热表示虽然简单且能够避免数值偏误，但维度问题和语义信息缺失限制了其在大规模词汇表和复杂任务中的应用。分布式表示则通过低维向量捕捉词汇的语义信息，能够有效解决独热表示的不足，但需要复杂的模型和大量的计算资源。在实际应用中，选择哪种词表示方法应根据具体任务的需求和资源条件来决定。

4.2.2 文本相似度计算

文本相似度（Text Similarity）是衡量两个文本之间相似程度的一种量化方法。它通过比较文本的内容、结构和语义信息，评估它们之间的相关性或相似性。文本相似度的计算是自然语言处理和信息检索中的一个重要任务，广泛应用于文本分类、信息检索、文本聚类、问答系统等领域。

这一阶段的目标是在词向量表示的文本中提取反映情感倾向的特征，判断文本的情感倾向是正面还是负面的。文本相似度计算通过比较文本片段之间的语义相似性，帮助模型理解词汇在上下文中的具体含义，从而作出情感判断。

（1）基于关键词匹配的方法

基于关键词匹配的方法是一种简单且直观的文本相似度计算方法。其核心思想是通过比较两个文本中共同出现的关键词数量来评估它们的相似度。这种方法主要依赖于词汇的重叠，而不考虑词汇的语义和上下文信息。以下是两种常用的关键词匹配方法：

1）N-gram相似度

N-gram相似度（N-gram Similarity）是一种基于子字符串匹配的文本相似度计算方法。它通过将文本切分为长度为N的子字符串（称为N-gram），并比较两个文本中N-gram的重叠程度来评估相似度。假设有两个文本序列：

文本A：I have a dog

文本B：I have a cat

当$N=2$时，将文本A和文本B分别切分为长度为2的子字符串：

文本A的2-gram集合A：{“I have”，“have a”，“a dog”}

文本B的2-gram集合B：{“I have”，“have a”，“a cat”}

计算交集和并集：

交集$A \cap B$：{“I have”，“have a”}，大小为2

并集$A \cup B$：{“I have”，“have a”，“a dog”，“a cat”}，大小为4

因此，文本A和文本B的2-gram相似度为：

$$\text{2-gram Similarity} = \frac{|A \cap B|}{|A \cup B|} = \frac{2}{4} = 0.5$$

2）Jaccard相似度

Jaccard相似度（Jaccard Similarity）是一种基于集合的相似度度量方法，用于衡量两个集合之间的相似性。在文本相似度计算中，Jaccard相似度通过比较两个文本中词汇集合的交集和并集来评估它们的相似度。具体计算公式如下：

$$\text{Jaccard Similarity} = \frac{|A \cap B|}{|A \cup B|}$$

其中，A和B分别表示两个文本的词汇集合，$|A \cap B|$表示两个集合的交集大小，$|A \cup B|$表示两个集合的并集大小。假设有两个文本序列：

文本A：I have a dog

文本B：I have a cat

将文本分词后，词汇集合分别为：

A={I,have,a,dog}

B={I,have,a,cat}

计算交集和并集：

交集$A \cap B$：{“I”，“have”，“a”}，大小为3

并集$A \cup B$：{“I”，“have”，“a”，“dog”，“cat”}，大小为5

因此，文本A和文本B的Jaccard相似度为：

$$\text{Jaccard Similarity} = \frac{|A \cap B|}{|A \cup B|} = \frac{3}{5} = 0.6$$

（2）词向量生成句向量

另一种重要的文本相似度计算方法是基于词向量生成句向量的方法。这种方法将文本映射到向量空间，然后利用距离度量（如余弦距离）等方法来计算文本之间的相似度。本节介绍如何将文本映射到向量空间，并利用这些向量进行相似度计算。

1）文本向量化方法

为了将文本映射到向量空间，需要一种有效的文本表示方法。最常用的方法之一是TF-IDF（Term Frequency-Inverse Document Frequency）方法。TF-IDF方法能够将文本转化为句向量，从而为后续的距离度量提供基础。

在介绍TF-IDF方法之前，先介绍词袋模型（Bag of Words, BoW）。词袋模型是一种简单的文本表示方法，它假设文本中的单词之间相互独立。具体来说，词袋模型不考虑单词在文本中的顺序，仅将文本表示为单词的集合。对于任意两个单词A和B，A的出现与B的出现无关，反之亦然。基于词袋模型定义以下两个重要概念：

- 词频（Term Frequency, TF）：词频是指给定单词在文档中出现的频率。它反映了单词在文档中的重要性。具体公式为：

$$TF(t,d)=\frac{\text{单词}\,t\,\text{在文档}\,d\,\text{中出现的次数}}{\text{文档}\,d\,\text{中单词的总数}}$$

- 逆文档频率（Inverse Document Frequency, IDF）：逆文档频率表示包含给定单词的文档数量的倒数。它反映了单词在整个语料库中的普遍程度。具体公式为：

$$IDF(t)=\log\frac{\text{语料库中文档的总数}}{\text{包含单词}\,t\,\text{的文档数量}}$$

*TF*和*IDF*的乘积是单词与文档之间相关性的一种有效度量。具体来说，一个词在文档中出现的频度越高，且该词在整个语料库中出现的频度越低，那么这个词对文档的区分能力就越强，其TF-IDF权重也就越高。TF-IDF权重的计算公式为：

$$TF\text{-}IDF(t,d)=TF(t,d)\times IDF(t)$$

通过计算每个单词的TF-IDF权重，可以将文档表示为一个向量，其中每个维度对应一个单词的TF-IDF权重，称为TF-IDF向量。

2）利用距离度量计算文本相似度

当文本被表示为TF-IDF向量之后，文本的相似度计算就变成了向量的相似度计算。向量的相似度可以通过它们之间的距离来度量。距离越小，相似度越大；反之，距离越大，相似度越小。常用的距离度量方法包括欧氏距离、曼哈顿距离和余弦距离等（如图4.4所示）。

- 欧式距离（Euclidean Distance）：欧式距离衡量的是多维空间中各个点之间的绝对距离，即在欧几里得空间中，两点之间的直线距离。

- 曼哈顿距离（Manhattan Distance）：曼哈顿距离也称为城市街区距离（City

Block distance），两个点在标准坐标系上的绝对轴距总和。

● 余弦距离（Cosine Distance）：余弦距离用向量空间中两个向量夹角的余弦值作为衡量两个个体间差异的大小。

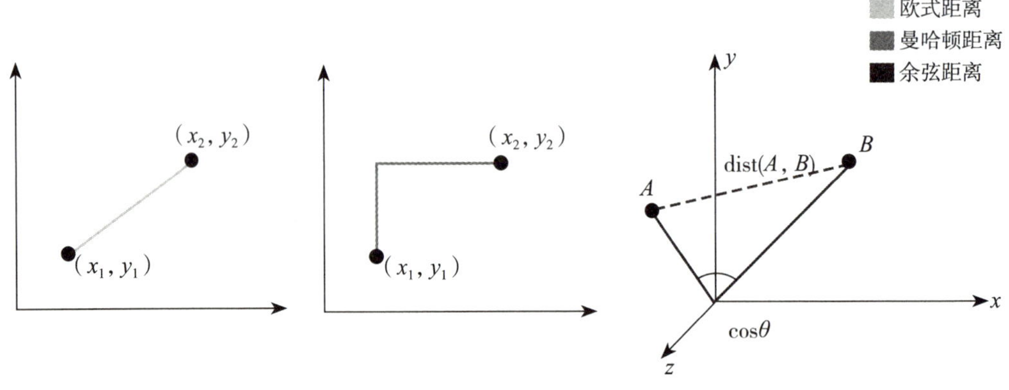

图 4.4 距离度量方法示例

例 4.1 以TF作为文档向量表示并计算两个句子的余弦相似度，判断两个句子的相似性。

句子 1：今天天气温度高了，昨天温度合适

句子 2：今天天气温度不低，昨天更合适

中文分词：

句子 1：今天/天气/温度/高了，昨天/温度/合适

句子 2：今天/天气/温度/不/低，昨天/更/合适

列出所有词，构成词集：

{今天，天气，温度，高了，昨天，合适，不，低，更}

计算词频：

句子 1：今天 1，天气 1，温度 2，高了 1，昨天 1，合适 1，不 0，低 0，更 0

句子 2：今天 1，天气 1，温度 1，高了 0，昨天 1，合适 1，不 1，低 1，更 1

句子向量：

句子 1：$A[1, 1, 2, 1, 1, 1, 0, 0, 0]$

句子 2：$B[1, 1, 1, 0, 1, 1, 1, 1, 1]$

计算余弦距离：

$$d=\frac{(A \cdot B)}{\| A \| \ \| B \|}=\frac{1\times 1+1\times 1+2\times 1+1\times 0+1\times 1+1\times 1+0\times 1+0\times 1+0\times 1}{\sqrt[2]{1^2+1^2+2^2+1^2+1^2+1^2}\cdot \sqrt[2]{1^2+1^2+1^2+0^2+1^2+1^2+1^2+1^2+1^2}}=0.71$$

通过余弦距离计算，得到 0.71 的相似度，说明句子 1 和句子 2 很相似。

4.2.3 语言模型

得到情感预测结果后，为了生成预测结果文字，语言模型可以根据文本的上下文信息生成准确的情感标签，还能够处理复杂的语言结构，如长句子和段落。

语言模型的目标是生成自然语言文本，通过学习大量文本数据中的语言模式和语法规则，能够生成符合人类语言习惯的文本。例如，在机器翻译中，语言模型可以生成流畅且准确的翻译文本；在文本生成任务中，语言模型可以根据给定的上下文生成连贯的文本内容。语言模型的发展经历了多个阶段，从早期的统计语言模型到现代的神经语言模型、预训练语言模型，再到最近的大语言模型。这些阶段反映了语言模型在技术上的不断进步和性能上的显著提升。

（1）统计语言模型

统计语言模型是语言模型的早期形式，主要基于概率统计方法来建模语言。其中最常用的是N-gram模型，根据N的取值不同，常见的语法模型包括一元语法模型（unigram）、二元语法模型（bigram）以及三元语法模型（trigram）。其中，一元语法模型每个位置的词独立于历史，实际上只需要估计各个词在文本中出现的概率。假设文本中可能出现的词为K个，那么一元语法模型便是一个K维的向量，每个元素代表对应词出现的概率。二元语法模型每个位置的词只与前面的一个历史词有关，也被称为一阶马尔可夫链。因为是对两个词构成的词串建模，词串的每个位置对应K个可能的词，所以二元语法模型对应一个K^2维的向量。例如，对于词串“苍山洱海位于______”，二元语法模型会根据“苍山”和“洱海”“洱海”和“位”等词对的概率来生成下一个词。当某个词对的概率越大时，我们认为生成的文本越接近日常使用的语言。最终，根据最大概率选择“大理”来生成完整的语句“苍山洱海位于大理”（如图 4.5 所示）。

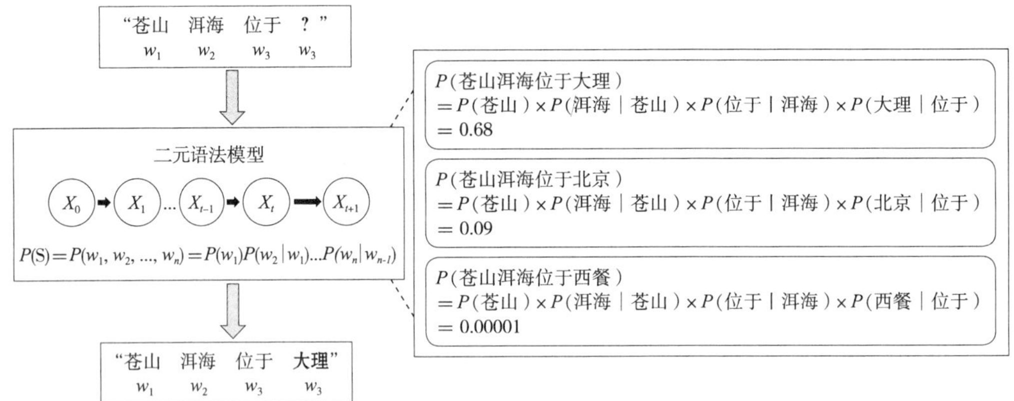

图 4.5　文本生成任务示例

由于N-gram模型仅考虑有限的历史信息，对于较长的文本或复杂的语言结构，其生成能力有限。

（2）神经语言模型

神经语言模型是利用神经网络技术构建的语言模型，能够处理大规模数据和复杂的语言模式。与统计语言模型相比，神经语言模型具有以下优势：

● 捕捉长距离依赖：通过循环神经网络（RNN）及其变体（如LSTM和GRU），神经语言模型能够捕捉文本中的长距离依赖关系。

● 自动特征学习：神经网络能够自动学习文本数据中的特征，无须手动设计特征。

● 更好的泛化能力：神经语言模型在处理大规模数据时表现出色，能够更好地泛化到新的文本数据。

（3）预训练语言模型

预训练语言模型是近年来自然语言处理领域的重要进展之一。这些模型在大规模文本数据上进行预训练，能够学习到丰富的语言知识和语义信息。预训练模型通常使用Transformer架构，具有以下特点：

● 大规模无监督预训练：预训练模型在大量无监督文本数据上进行训练，学习通用的语言模式和语义信息。

● 微调（Fine-tuning）：在特定任务上进行微调时，预训练模型能够快速适应新任务，实现更好的性能。

- 强大的上下文建模能力：Transformer架构通过自注意力机制（Self-Attention）能够捕捉文本中的长距离依赖关系，生成高质量的文本。

（4）大语言模型

大语言模型是预训练语言模型的进一步发展，其特点是在非常大规模的文本数据上进行训练，并且拥有大量参数。这些模型通常具有以下特点：

- 超大规模训练数据：大语言模型使用海量的文本数据进行训练，能够学习到更丰富的语言模式和语义信息。
- 高参数量：大语言模型通常包含数十亿甚至数千亿个参数，能够捕捉更复杂的语言结构。
- 强大的生成能力：大语言模型在文本生成、机器翻译、问答系统等任务中表现出色，生成的文本更加自然和连贯。

4.3 语言理解

4.3.1 语言理解基础

语言理解是指计算机理解和解释人类语言的能力，它是自然语言处理中的一项关键任务，目的是让计算机能够像人类一样理解和推理语言中的信息。

（1）语言理解任务

语言理解是自然语言处理的核心任务，旨在通过不同层级的语义解析使计算机准确捕捉文本内容。其基础层面包括词汇语义理解，即分析和理解单个词汇的意义，例如区分“苹果”指水果还是公司；句子级理解则关注句子的结构和语义，涉及语法分析、句法分析和依存分析，如分析“我喜欢苹果”中“喜欢”连接主语“我”与宾语“苹果”，并标注“小明吃了苹果”中的施事者与受事者；篇章级理解进一步处理长文本的连贯性，包括共指消解、话题建模和篇章结构分析，如通过共指消解追踪“他”指代的具体对象，或通过话题建模提取文章的核心主题。更高阶任务则聚焦情感分析，识别文本中的情感倾向，如从“这部电影令人失望”中提取负面情绪；问答系统需结合上下文推理生成答案，如根据历史段落回答实验结论；自然语言推理作为最高级别任务，主要理解语言中隐含的推理关系，如从“暴雨导致道路积水”推导出“交通可能拥堵”。这些任务共同构建了从词汇到篇章、从表层结构到深层语义的多维度理解框架，其核心目标是通过上下文依赖的语言分析，使机器能够像人类一样解析、推理并生成符合逻辑的文本内容。

（2）语言理解的难点

自然语言理解的核心难点在于其语义的多维复杂性。首要挑战是词汇与句子的歧义性，如在“他背着包袱出门了”中，“包袱”既可指实物包裹，也可喻指心理压力，需依赖上下文建模才能精准解读。其次是语言表达的多样性，如对赞同的表述既可以是“我非常认可”，也能以“我举双手赞成”等不同句式呈现，要求模型捕捉语义等价性。语言结构的复杂性则体现在修辞手法与长程逻辑上，如理解“弯弯的月亮像小船”需解析比喻关系，而长难句中的嵌套成分更需精准的句法分析。此外，隐含知识与常识推理是深层障碍，如从“上班迟到要挨批评”来推断职场规则与因果关系。这类背景知识难以通过表面文本直接获取，要求机器具备类人的联想与推理能力。这些挑战共同构成自然语言理解的复杂性，推动研究者开发更强大的上下文建模、知识融合与逻辑推理技术。

4.3.2 文本分类与情感分析

文本分类与情感分析作为自然语言处理的核心应用，通过算法对文本进行类别划分与情感倾向识别，驱动着商业决策与用户洞察的智能化升级。随着深度学习技术的演进，基于Transformer架构的模型能够解析多语言混合文本、识别隐晦情感，如通过分析观众对抽象画展的评论，区分赞扬性的“色彩搭配极具冲击力”与批评性的“构图缺乏逻辑性”，并处理长文档中的复杂语义关联。在艺术领域，情感分析可实时追踪艺术评论中的公众情绪，区分“笔触充满张力”与“主题表达模糊”等对立观点；体育机构则借助文本分类自动归整赛事报道，区分田径、游泳或球类等不同项目主题，同时从运动员采访中提取竞技状态与团队协作等关键信息。

（1）文本分类

文本分类是让计算机根据文本内容自动归类到特定主题的技术，如在艺术领域区分画评讨论的印象派或抽象派风格，在体育场景中识别赛事报道涉及田径、游泳或球类项目。其核心任务可分为基础二分类与多类目划分，前者如判断艺术品评表达赞赏还是批评，后者如将赛事新闻规整为体操、排球或冰雪运动。该技术应用广泛，涵盖筛选艺术展投稿、归类运动员训练笔记等场景，通过分析文本关键词与语义特征实现自动化主题匹配，为艺术策展与体育资讯管理提供高效支持。

文本分类的实现流程可分为以下步骤：①获取并标注专业文本，如画廊评论集或体育赛事报道库；②通过词向量或深度学习模型提取特征，如捕捉“笔触肌理”“战术配合”等关键词；③训练分类模型（如支持向量机或神经网络）学习不同类别的核心差异；④应用训练好的模型对新文本自动归类，如为美术馆实时筛选符合主题的投稿文章，或辅助体育记者快速整理特定项目的新闻稿件。整个过程将语言信息转化为可计算的决策依据，为艺术策展与体育管理提供自动化支持。

（2）情感分析

情感分析旨在识别文本中蕴含的情感倾向，是文本分类的精细化分支。在艺术领域，该技术可解析观众对画展的评论，区分色彩张力令人震撼的积极评价与构图逻辑混乱的消极反馈；在体育场景中，能分析球迷对赛事结果的讨论，识别战术执行精准的赞赏或裁判判罚不公的质疑。其任务层级包括基础二分类如积极与消极、多分类如加入中性判断，以及细粒度分析，如量化情感强度——极度失望比略有不满更具负面性，或识别讽刺表达如这记失误真是教科书级别隐含批评。这些能力为艺术市场调研、体育舆情监测提供数据支撑。

情感分析的实现流程可分为以下步骤：①数据准备：收集并标注艺术评论、体育赛事讨论等文本，如画廊观众留言或球迷社交媒体发言，标注其情感倾向如积极、消极或中性；②特征提取：通过自然语言处理技术识别领域关键词，如艺术场景中的“笔触细腻”“构图失衡”或体育场景中的“战术执行精准”“临场发挥失常”，同时分析句式结构如感叹词密度或修辞手法；③模型训练：采用逻辑回归、神经网络等算法学习情感关联规则，如建立“色彩对比强烈”与积极评价的映射关系，或识别“关键球处理犹豫”隐含的负面情绪；④应用部署：将模型集成至实际系统，如实时监测艺术展览网络评论的情感热度，或生成运动员赛后采访的情绪变化图谱，为策展方案调整与训练策略优化提供数据依据。

4.3.3 电影评论情感分析

（1）案例背景

电影评论情感分析旨在对影迷在平台（如IMDB、豆瓣电影）发布的评价进行情感分类。评论通常包含主观表达，如“镜头语言充满诗意”可能隐含积极评价，而“叙事节奏拖沓”则指向消极反馈。通过自然语言处理技术，将评论分类为积极、消极或中性。分析结果可为电影宣发或艺术创作反馈提供数据支持，如帮助制片方快速识别观众对影片视觉风格或叙事结构的评价倾向。

（2）案例目标

通过电影评论情感分析的全过程介绍，向读者展示如何利用自然语言处理的语言理解技术对评论进行情感分析，具体过程包括数据集准备、文本数据预处理、提取特征、构建模型并评估模型效果等步骤。

（3）实施步骤

1）数据集准备

①**IMDB数据集：**包含50000条英文电影评论（25000条训练集、25000条测试集），每条评论标注为“正面”或“负面”。例如，“演员的表演令人难忘”标记为正面，“节奏缓慢缺乏亮点”标记为负面。

②**豆瓣电影数据集：**采用第三方开源数据集（如NLP研究团队整理），约80000条中文影评，标注涵盖“积极”“消极”和“中性”三类情感。例如，“画面色彩极具冲击力”标注为积极，“叙事结构松散”标注为消极。

2）数据预处理

①**文本清洗**：删除特殊符号、HTML标签及无关字符（如“@”#“%”），保留核心情感表达。

②**分词处理：**使用工具（如jieba）将中文评论切分为独立词汇。例如，“镜头语言充满诗意”拆分为“镜头”“语言”“充满”“诗意”。

③**去除停用词：**过滤无实义高频词（如“的”“了”“和”），保留“震撼”“乏味”“创新”等情感关键词。

④**文本向量化：**通过TF-IDF统计词频重要性，或利用Word2Vec生成词向量。例如，“配乐”映射为高维空间中靠近“旋律”“节奏”的向量。

3）模型选择

用于情感分析的模型有传统模型和基于深度学习的模型。传统模型采用机器学习理论，在训练样本较少的情况下能够推理出情感分类，但推理效果还存在偏差。深度学习算法在训练样本数量充足的情况下，能够得到较好的效果。

①**传统模型**。

- 朴素贝叶斯：计算速度快，适合高维稀疏文本数据。例如，快速判断“特效惊艳”属于积极类。
- 支持向量机：通过清晰分类边界处理中小规模数据，适合区分“剪辑流畅”与“叙事混乱”的情感差异。

②**深度学习模型**。

- LSTM：擅长捕捉长距离依赖关系，适合分析复杂句式（如“尽管配乐出色，但角色塑造单薄”）。
- BERT：基于Transformer架构，理解上下文语义，能识别讽刺性评论（如“这剧情‘精彩’到让我睡着了”）。
- 最新模型：RoBERTa（优化训练策略的BERT变体）、GPT-4（支持生成与分类），可处理多语言混合评论与隐晦情感。

4）模型训练与评估

①**训练流程**：将数据分为训练集（80%）与测试集（20%）。训练集用于学习情感规律（如从“画面构图精妙”提取积极特征），测试集用于验证模型对新评论的泛化能力。

②**评估指标**。

- 准确率：模型正确分类的比例。例如，100 条评论中 90 条分类正确，准确率为 90%。
- F1 值：综合衡量模型对积极/消极类的识别能力。例如，对“视觉风格前卫”的积极评论召回率达 85%。

5）分类与结果

①**正面评论示例**。

“特效震撼，演员表演充满张力”→模型识别“震撼”“张力”为积极关键词，分类为正面。

“色彩搭配极具艺术感”→关联美术设计类积极评价，分类为正面。

②**负面评论示例**。

“剧情拖沓，逻辑漏洞明显”→捕捉 “拖沓”“漏洞” 等消极词，分类为负面。

“配乐与画面氛围严重割裂”→识别艺术元素不协调，标记为负面。

③**应用输出**：生成情感分布报告，如“80%评论称赞影片视觉设计，15%批评叙事节奏”，为导演优化续集或艺术团队调整风格提供数据支持。

4.4 语言生成

语言生成（Language Generation）是自然语言处理中的一项重要技术，旨在根据输入的信息生成符合语法和语义要求的自然语言文本。语言生成方法可以分为多种方法，其中包括基于模板的语言生成、基于神经网络的语言生成等。

4.4.1 基于模板的语言生成

（1）模板设计原理

基于模板的语言生成依赖于预先设计的模板，模板是根据特定领域的语言结构和规则进行设计的。例如，在旅游行业中，可以设计一个用于介绍旅游景点的模板。这个模板可能包含的字段有景点名称、地理位置、文化特色、历史背景或重要事件等。

例如，旅游景点介绍的模板如下：

[景点名称]位于[位置]，是一个以[特色]为特色的旅游目的地。它的历史可以追溯到[历史]。

通过参数化的方式，模板的内容可以填入不同的数据，从而生成不同的描述文本。

例如：长城位于中国北方，是一个以古老的历史和雄伟的建筑为特色的旅游目的地。它的历史可以追溯到公元前 7 世纪。

这种方法的灵活性表现在可以通过填充不同的参数生成多样化的文本，然而模板本身的框架不变，生成的文本保持一定的规范性和结构性。

（2）应用场景与局限性

基于模板的语言生成广泛应用于结构化文本生成的场景中。例如，天气预报，根据不同的天气情况填充模板，生成准确的天气预报文本；快递通知，基于订单信息和物流信息，通过模板自动生成快递配送通知；餐厅菜品介绍，根据餐厅的菜品名称、原料、味道等特征填充模板，生成餐厅菜单或菜品介绍。

尽管基于模板的方法易于实现，但也存在许多局限性。首先，缺乏灵活性，模板生成的文本缺乏创新性，难以应对复杂的语义结构，生成的文本往往很机械、单一。其次，难以处理复杂语义，如果文本的需求超出模板结构，生成的语言可能显得生硬或不自然。最后，表达多样性不足：模板通常按照固定的格式生成文本，无法体现出语言的多样化表达或创意。

因此，尽管基于模板的语言生成在结构固定的场景中表现优秀，但它并不适用于复杂、多变的文本生成任务。

4.4.2 基于神经网络的语言生成

（1）自回归模型

自回归模型（如GPT系列、Transformer）通过逐词生成文本，每个新词依赖上文内容，确保逻辑连贯。其核心是通过自注意力机制捕捉长距离依赖关系，适合需要高创意性与逻辑性的场景。例如，艺术创作中可用GPT-3生成诗歌，输入“画布上的星空”续写超现实主义散文；体育领域则生成赛事深度解说，从“点球大战开始”逐步扩展为战术分析与球员状态描述。

（2）非自回归模型

非自回归模型（如Mask-Predict、GLAT）一次性预测全部词汇，通过全局注意力或迭代修正提升生成速度，适用于实时性要求高的场景。例如，体育赛事中实时生成短评“主队角球破门得分，1比0领先”，或艺术展览中快速生成展品简介，输入“青铜雕塑”“抽象线条”直接输出完整说明文本，牺牲部分细节以换取效率。

（3）预训练微调框架

预训练微调框架（如T5、BART）基于海量数据学习语言规律，再通过微调适配具体任务，灵活支持跨领域生成。例如，将长篇体育新闻“欧冠决赛加时赛绝杀”压缩为短讯“皇马点球夺冠”；艺术领域将艺术家手记“梦境中的色彩碰撞”转化为观众导览词，用BART模型生成通俗易懂的作品解读。

（4）条件生成模型

条件生成模型（如VAE、GAN）通过输入参数控制生成内容风格或主题，如艺术中指定“宋代山水风格”生成题画诗“烟雨孤舟隐层峦”，或体育中根据比赛数据“射门10次，控球率65%”生成战报“主队压制对手但射正率低”。模型利用隐变量或控制代码精准调节输出，实现多样化创作。

（5）多模态生成模型

多模态生成模型（如DALL·E、CLIP）结合文本、图像等媒介生成跨模态内容。例如，输入“梵高风格星空”生成数字油画，或分析足球比赛视频后输出解说文本“前锋右路突破，假动作晃过防守推射破门”。此类技术打破媒介界限，推动艺术视觉化与体育内容自动化生产。

4.4.3 AI创作艺术作品

（1）案例背景

在使用人工智能生成艺术作品的实践中，提示词（prompt）的质量与精细程度直接决定了生成结果的表现力与艺术性。特别是在诗歌创作这一高度依赖语言美感与语境张力的领域，初始提示词往往只能捕捉创意的轮廓，而要生成具有文学深度与情感层次的文本，则需通过多轮精细调整和策略性修订，逐步引导模型向更符合创作意图的方向演进。

（2）案例目标

旨在让学生了解自然语言处理在诗歌创作中的应用，通过优化提示词，创作出具有个人风格的高质量作品。案例将从一个简单的初始提示开始，通过分析生成结果中的亮点与不足，不断调整关键词、语义范围、风格指令与情绪线索，使提示词逐步进化，从而系统性提升生成文本的艺术质量与表达张力。

（3）实施步骤

案例以“春日山居”为主题，人工智能工具可考虑DeepSeek、豆包、Kimi等工具。

1）初始提示：只包含诗歌主题

以创作“春日山居”为例，选择DeepSeek为工具，告诉DeepSeek想要创作一篇题为“春日山居”的诗歌，看看根据输入的初始提示，人工智能会反馈什么样的回答（如表4.1所示）。

表 4.1 AI生成诗歌《春日山居》

提示词	请帮我生成一篇以“春日山居”为题的诗句。
回答	春日山居 春深花欲燃，鸟啭翠微巅。 云影移松径，泉声伴客眠。 赏析：此诗作《春日山居》以“燃”字点睛春花之绚烂，鸟鸣与泉声交织成山间天籁。云影轻移松径，暗合时光流转之意，结句“伴客眠”将自然声响化为安眠曲，营造出物我两忘的禅意空间。全篇通过视听通感的艺术手法，构建出动静相宜的春日山居图。

DeepSeek生成了主题为“春日山居”的诗句，且在此过程中没有更多的其他要求，接下来可以向DeepSeek提出更多想法，尝试着让DeepSeek生成的诗句更符合预期。

2）第一次提示词修订：指定诗句的体裁

在只有诗歌主题而没有任何其他提示词的情况下，DeepSeek默认生成的是一首五言绝句，若想创作别的诗歌体裁需要在提示词中增加对于诗歌体裁的限定（如表4.2所示）。

表 4.2 第一次提示词修订

提示词	请帮我生成一篇以“春日山居”为题的七言律诗。
回答	春日山居 闲居远岫沐朝霞，风暖林幽野草花。 几树桃红迷野径，一溪水碧绕农家。 庭前把酒听莺语，篱外寻芳醉物华。 坐看流云心自静，春光满眼兴无涯。 赏析：这首作品描绘春日山居生活的惬意与宁静，通过“桃红迷野径”“水碧绕农家”等意象展现自然之美，尾联“坐看流云心自静”更深化了超然物外的意境。诗中“沐朝霞”“醉物华”等词句巧妙呼应主题，传递出对山水田园生活的由衷热爱。

当提示词明确指定诗歌体裁为七言律诗后，得到了一首描绘山居生活、富有美感的新作。这表明，向人工智能工具提供更明确、细致的提示词，能引导其输出更贴合预期的内容。在诗歌创作领域，提示词不仅要涵盖主题，体裁等形式要求也至关重要。

3）第二次提示词修订：增添情感基调

指定了诗歌体裁为七言律诗后，得到了一首较为符合题目“春日山居”的诗作。但如果对诗歌所传达的情感有特定需求，目前的作品可能还不能完全契合。比如，希望诗歌不仅仅展现山居的惬意宁静，还想融入一丝淡淡的乡愁。此时，需要在提示词中加入情感基调的限定（如表 4.3 所示）。

表 4.3　第二次提示词修订

提示词	请帮我生成一篇以“春日山居”为主题的七言律诗，要求在展现山居宁静美好的同时，融入淡淡的乡愁情绪。
回答	春日山居·暮春有怀 空山雨霁染新茶，竹影摇窗日影斜。 半岭松声惊倦鸟，一川烟絮送归槎。 苔痕暗锁离人径，草色深埋故里沙。 忽见南枝初结子，风来犹带旧时花。 赏析：这首作品在春日山居的静谧底色中晕染乡愁，以“空山雨霁”开篇铺垫空灵意境，借“松声惊倦鸟”“烟絮送归槎”形成听觉与视觉的乡思牵引。颈联“苔痕暗锁”“草色深埋”用拟人化意象隐喻故园记忆的尘封，尾联“南枝结子”与“旧时花”的时空呼应，将物候变迁与怀旧情结交织，使自然之美与淡淡愁绪如茶烟般交融缭绕。

通过两次修订提示词可以看出，提示词的精准度对DeepSeek生成诗歌的关键作用。最初仅给“春日山居”主题，它默认生成意境优美但体裁单一的五言绝句；明确指定七言律诗体裁后，收获描绘山居生活的优美新作。后续，还可从情感基调、意象运用、语言风格等维度完善提示词，挖掘DeepSeek等人工智能在诗歌创作中的潜力，产出更具艺术性、独特性的作品。

4）第三次提示词修订：细化意象运用

经过前面的调整，诗歌在体裁和情感上有了更明确的呈现。然而，还可以在诗歌的意象运用上进一步雕琢，独特而恰当的意象能让诗歌更具韵味。接下来在提示词中要求DeepSeek运用一些特定的春日山居意象，比如“牧童短笛”“古藤老树”等，看看生成的诗歌会有怎样的变化（如表4.4所示）。

表4.4 第三次提示词修订

提示词	**请帮我生成一篇以“春日山居”为主题的七言律诗，要求在展现山居宁静美好、融入淡淡乡愁的同时，使用“牧童短笛”“古藤老树”等意象。**
回答	春日山居·听笛 古藤悬壁掩柴扉，涧底流云带翠微。 牛背笛声穿石径，藤梢日色暖鹑衣。 偶逢野老询桑柘，漫拾山花补蕨薇。 最是炊烟迷倦眼，错将归鹭认人归。 赏析：此作以古藤老树勾勒时空纵深，借“牛背笛声”点破山居静谧。炊烟与归鹭的视觉错位暗藏乡愁伏笔，野老桑麻之问、山花蕨薇之拾，皆在田园牧歌中织入若即若离的故园情思。末句“错认人归”以瞬间错觉收束，使牧童短笛的悠扬与游子凝望的恍惚形成弦外共鸣，恰合春日山居明丽底色下淡墨洇染的惆怅韵致。

通过三次对提示词的精心修订，深度探索了如何引导DeepSeek进行诗歌创作。从最初仅明确主题，到指定体裁、增添情感基调，再到细化意象运用，每一步调整都让生成的诗歌在贴合预期上更进一步。此次细化意象运用后，诗作借助“古藤老树”“牛背笛声”等意象，构建出独特的春日山居图景，将宁静美好与淡淡乡愁交织得愈发细腻。这表明，持续精准优化提示词，能不断激发DeepSeek的创作潜能，也能更好地创作一篇符合预期的作品。

5）总结

互动过程是人机协作的典型体现——用户通过明确表达需求，引导生成符合预期的内容。例如，在诗歌创作中，可以输入“星空与孤独”作为主题，人工智能随即提供多种风格的诗句草稿；若需要设计社团招新海报，只需描述“赛博朋克风格、加入篮球元素”，人工智能便能生成视觉初稿；甚至开发简易小程序时，输入功能描述即可获得基础代码框架。人工智能并非机械执行命令的工具，而是能根据你的反馈动态调整的智能助手：需求越具体，它的输出越精准，协作效率越高。这种模式将创意与技术结合，让复杂任务的完成质量与速度同步提升。

思考题

1.简述自然语言处理的主要技术和难点，列举2～3个实际中遇到的问题。

2.在对话系统中，影响其性能好坏的因素是哪些？

3.词向量的作用是什么？

4.语言模型的作用是什么？

5.你熟悉的自然语言处理人工智能工具有哪些？你一般用来做什么？

6.如果要完成一个对话系统，你觉得应该要解决哪些问题？

5 智能语音处理

智能语音处理是人工智能领域中的一个重要分支，涉及语音信号的分析、识别、合成以及转换等技术。它通过模拟人类对语音的理解和生成能力，实现人机之间的自然交互。智能语音处理技术已广泛应用于多个领域，包括智能家居、车载导航、智能助手、自动化客服和语音转写等。通过本章的学习，读者将能了解智能语音处理的基本概念、主要技术和实际应用，提升AI时代的工具使用能力。

5.1 智能语音处理基础

智能语音处理主要包括语音识别、语音合成等核心技术，并能应用到音乐创作中。语音识别将语音信号转换为文本，其工作流程包括音频信号处理、特征提取、声学模型匹配、语言模型优化以及解码器输出。语音合成将文本转换为自然流畅的语音，涉及文本分析、音素生成、声学特征生成和语音波形合成。智能语音技术还能与自然语言处理进行关联，通过语义分析和语境理解提升语音交互的智能性（如图 5.1 所示）。深度学习技术的出现显著提升了智能语音处理的性能。卷积神经网络、循环神经网络和Transformer模型等被广泛应用于智能语音处理的特征提取、语音识别和语言建模等环节。此外，预训练语言模型如BERT、GPT和Wav2Vec等也在语音识别和合成中发挥着重要作用。

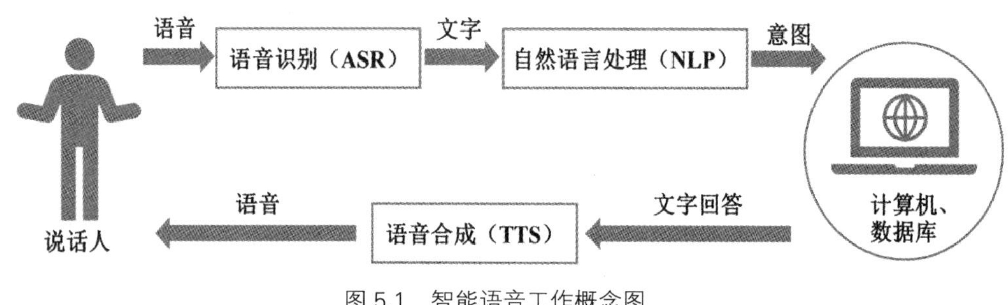

图 5.1　智能语音工作概念图

5.1.1 语音处理发展简史

（1）规则统计时代

语音处理技术的起源可以追溯到 20 世纪 60 年代，早期主要依赖基于规则的方法和简单的统计模型。最早的语音识别系统较为基础，只能识别有限的词汇，并且依赖庞大的计算资源。例如，IBM 在 1962 年发布的 Shoebox 系统可以识别数字和一些简单的操作命令。这一阶段的技术瓶颈主要在于计算能力和算法的限制，语音识别系统难以处理复杂的语音信号。随着计算机硬件性能的提升和机器学习算法的发展，语音处理技术在 20 世纪 90 年代至 21 世纪初取得了显著进展。语音识别系统开始能够处理更大的词汇量，并且识别准确率大幅提高。Dragon Naturally Speaking 是这一阶段的代表产品，在语音识别领域取得了重要突破。此外，这一时期的研究还集中在语音信号的特征提取与表示上，利用机器学习方法分析语速和语调，为后续的深度学习应用奠定了基础。进入 21 世纪，人工智能技术的快速发展催生了现代智能语音助手。2011 年，苹果公司发布的 Siri 成为智能语音助手的标志性产品。随后，科大讯飞“讯飞星火”、华为“小艺助手”和小米“小爱同学”等语音助手相继面世。这些现代智能语音助手不仅具备高度准确的语音识别能力，还能通过自然语言处理技术理解用户的意图，并提供个性化的服务。

（2）数据驱动时代

深度学习的兴起为语音处理技术带来了质的飞跃，语音处理技术进入了数据驱动的时代。2016 年，谷歌发布了 WaveNet 模型，这是第一个能够生成自然语音的深度神经网络。WaveNet 通过生成原始音频波形，大幅提升了语音合成的自然度。此外，Tacotron作为一种端到端的语音合成模型，能够直接从文本生成语音，进一步简化了语音合成的流程。在语音识别方面，深度学习模型如卷积神经网络、循环神经网络和Transformer架构被广泛应用于声学模型和语言模型中，显著提高了识别准确率。例如，百度智能云的语音识别技术基于深度学习算法，能够将语音信号高效转换为文本，广泛应用于智能客服和智能家居等领域。端到端语音识别模型（如Conformer和Transformer-Transducer等）在提升识别准确率和鲁棒性方面取得了显著进展。此外，预训练语言模型如BERT和Wav2Vec在语音识别和合成中得到广泛应用，进一步提升了系统的性能。国内厂商也在这一阶段取得了显著进展。例如，百度和阿里分别发布了PaddleSpeech和Sambert-Hifigan等中文语音合成模型，推动了中文语音处理技术的发展。

（3）知识驱动时代

近期，随着大语言模型的快速发展，智能语音处理技术迎来了新的突破，逐渐步入了知识驱动时代。大语言模型在语音识别、语音合成和语音交互等领域展现出强大的潜力，推动了语音处理技术向更高自然度、更高效能和更广泛的应用场景发展。为减少信息丢失和降低累积误差，语音语言模型（SpeechLMs）应运而生。SpeechLMs直接处理语音波形，将其编码为离散的令牌（Token），从而保留语音的语义和副语言信息。这些Token虽然不具备词汇层面的语义意义，但能够捕捉到语音的重要特征。SpeechLMs通过自回归模型处理Token，可生成更具表现力和细腻的语音。

5.1.2 语音的基本表示方法

（1）语音的基本声学特性

语音的基本属性包括音色、音调、音强和音长。这四个属性共同决定了我们如何感知和识别不同的声音。

- 音色（Timbre）：指声音的特质或质量，是一种声音区别另一种声音的基本特性。例如，大提琴、中提琴和小提琴的音色就有显著差异。

- 音调（Pitch）：指声音的高低，由声波的频率决定，声带尺寸、厚薄等特性和声带所受张力决定声带振动的频率，频率越高，音调越高，频率越低，音调越低。例如，男性声带振动频率大致在 60 ~ 200Hz，女性和小孩的大致在 200 ~ 450Hz，所以一般女性和小孩的声音要比男性高和尖。

● 音强（Loudness）：指声音的响度，即声音的强弱。音强由声波的振幅（波的高度）决定，振幅越大，声音越响。

● 音长（Duration）：指声音持续的时间长短。

（2）音节（Syllable）

音节是语音的基本发音单位，通常由一个或多个音素（音的最小单位）组成。一个音节往往由一个元音单独组成，或由一个元音和一个或多个辅音组合而成。元音构成一个音节的主干，无论从长度还是能量看，元音在音节中都占主要部分，辅音则只出现在音节的前端或后端或前后两端，时长和能量相对都很小（如图 5.2 所示）。

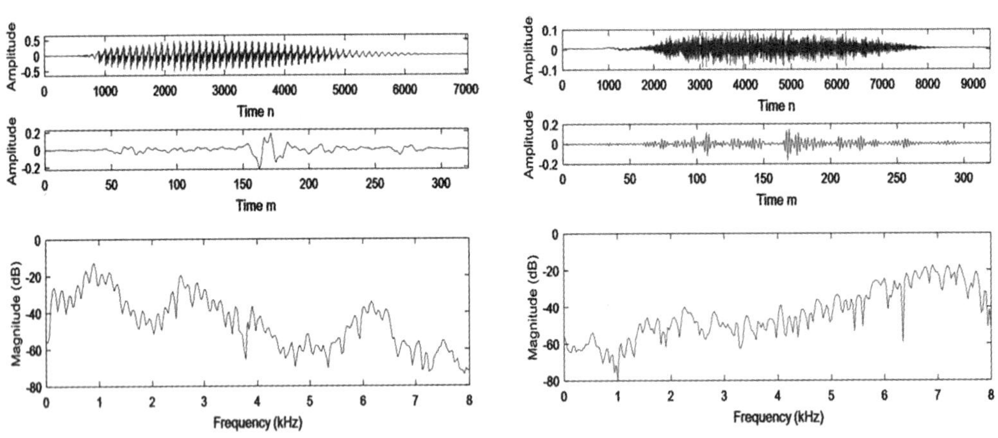

图 5.2　元音[a]（左）和辅音[s]（右）的时域图、短时波形图和频谱图（从上往下）

1）元音（Vowel）

元音是指发音时气流从声带经过口腔和咽腔几乎不受阻碍的音素。它们是音节的核心，通常决定了音节的长度和质感。元音可以根据口腔的开放度和舌头的位置分为前元音、中元音和后元音。决定元音音色的主要因素是舌头的形状及其在口腔中的位置和嘴唇的形状等。元音的一个重要特性是共振峰（Formant），声道可以看成一根具有非均匀截面的声管，在发音时起共鸣器的作用，当元音激励进入声道时会引起共振特性，产生一组共振频率，称为共振峰频率或共振峰。不同的元音具有不同的共振峰频率组合，是区分不同元音的重要因素。例如，汉语拼音中的元音[a]前三个共振峰频率分别为：第一共振峰（F1）700 ~ 1000Hz，第二共振峰（F2）1100 ~ 1400Hz，第三共振峰（F3）2500 ~ 3000Hz。而汉语拼音中的元音[i]的前三个共振峰频率分别为：第一共振峰（F1）200 ~ 400Hz，第二共振峰（F2）2000 ~ 2800Hz，第三共振峰（F3）2500 ~ 3500Hz。可以看出两个元音的共振峰频率有很大的区分度。

2）辅音（Consonant）

辅音是指发音时气流在声带、口腔或鼻腔受到不同程度阻碍的音素。它们通常出现在音节的开头或结尾位置，围绕元音形成音节。发辅音时由声带振动与否引起浊音和清音的区别，振动的是浊音，不振动的是清音。辅音没有明确的共振峰结构，分为以下几类：

爆破音：如[p]、[t]、[k]、[b]、[d]、[g]。

摩擦音：如[f]、[s]、[sh]、[x]、[h]。

塞擦音：如[z]、[zh]。

鼻音：如[m]、[n]。

边音：舌尖形成阻碍不让气流通过，但舌尖两边有空隙能让气流通过的音，如[l]。

颤音：如[ra]、[r]。

通音：又为半元音或半辅音，通音一般是浊音，性质接近元音，如[w]、[y]。

（3）韵律（Prosody）

韵律是音调、音强、音长和音色四个音频属性的综合表现，指语音中的声调、重音、节奏、速度等声音特征，它们在语音传递中的作用不仅仅是传达词汇和语法意义，同时也能影响情感和语气的表达。

声调：中文是一种有声调的语言，每个字都有其固定的声调。普通话中有四个主要声调：阴平、阳平、上声、去声。它们携带重要的辨义信息，有区别语义的功能。例如，“郭、国、果、过”四个字声调不同，就代表不同的四个字。

节奏：中文的节奏往往通过句子的分组，以及音节的快慢来体现。例如，“今天晴，气温 20 度，刮小风”和“今天阳光明媚，温度适宜，微风徐徐”，这两句话相比，第二句的节奏感更强，朗朗上口。

重音：中文的重音不如英语等西方语言那么明显，但在特定的语境中，重音还是存在的，用以强调某些词汇的意义。例如，“这件事情很重要”中的“重要”一般会以重音发音，表示强调。

语调：语调是指整句话的声调变化。即使在同一个句子中，声调的不同也能够传达出不同的情感。例如，“今天的百米赛跑真让人大开眼界”，这句话可根据说话者不同的语调表现出赞赏或反讽两种截然相反的情感。

语速：语速指发音的快慢，会影响声音的韵律。例如，诗词朗读会用较慢语速，而新闻播报语速会快一些。

（4）语音信号的特性

语音信号的特性主要是指它的声学特性，包括时域波形、频谱特性以及语音信号的统计特性等。这些特性对应着各种语音信号特性分析图，如时域图、频谱图和语谱图等（如图 5.3 所示）。

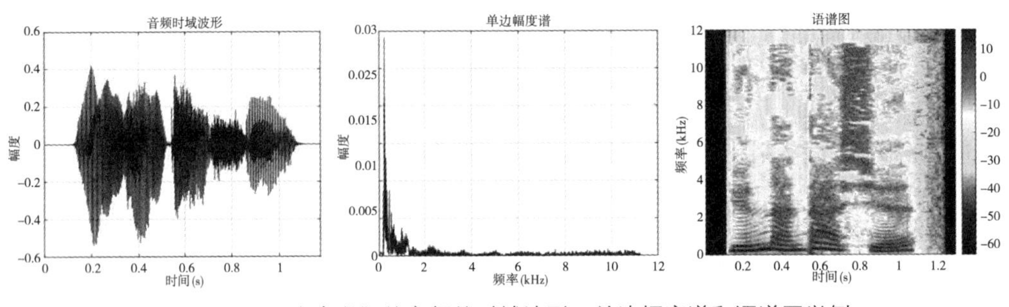

图 5.3　“云南大学”的音频的时域波形、单边幅度谱和语谱图举例

1）时域图

时域图（Time-Domain Plot）显示随时间变化的信号振幅。横轴代表时间，纵轴代表信号振幅。时域图最直观地反映了音频信号在时间上的变化情况，能够显示出信号的动态变化、波形形状等。可用于观察原始音频信号的结构、过渡、包络、时长和瞬态特性。

2）频谱图

频谱图（Spectrum Plot）通常用于表示在某一时刻的频率成分及其幅度。横轴是频率，纵轴是信号的幅度或功率。与频域图略有不同的是，频谱图更强调一次性的频率分布，而频域图可能通过多次采样或平均化来显示信号的频率特性。可用于观察信号的频率分布和强弱对比，可以用于频谱分析、调制信号等。

3）语谱图

1941 年，贝尔实验室发明了一种用三维的方式显示语音频率特性，用颜色深浅表示特定频率带的能量大小，将时间、频率和幅度（或者功率）整合在一起的图像，即语谱图（Spectrogram）。横轴代表时间，纵轴代表频率，不同颜色或灰度代表信号在该时间和频率点上的强度。语谱图可以直观地展示信号在频域随时间的变化情况，是时频分析的常用工具。可广泛用于语音信号处理、音乐分析、地震波分析等领域，可以显示声音的频率结构如何随时间变化。

5.1.3 语音信号处理的基本技术

(1) 语音信号的采样、量化和编码

语音信号的采样、量化和编码是将连续的模拟语音信号转换为离散的数字形式的关键步骤。这个过程对于数字信号处理、语音存储和传输等非常重要。

1）采样

采样（Sample）是将连续的语音信号在时间轴上离散化的过程，采样器在每个采样点读取语音信号的瞬时幅度，并将这些幅度值作为离散的样本输出。为了避免信息丢失，根据香农-奈奎斯特采样定理，采样频率必须至少是信号最高频率的两倍。人耳能够听辨的声音信号的频率范围通常在 20Hz 到 20kHz 之间，但人类语音的主要频率集中在 300Hz 到 3.4kHz 范围内。因此，电话语音一般使用 8kHz 的采样率，因为 8kHz 是 3.4kHz 频率的两倍以上。对于高保真音频，比如交响乐，为了保证听辨效果，通常使用 44.1kHz 或 48kHz 的采样率。

2）量化

量化（Quantization）是将信号的幅度从连续的取值范围映射到离散的取值范围的过程。在语音信号数字化过程中，量化将每个采样点的幅度值转换为最接近的离散值。离散值由量化级数决定。常见的量化级数有 8 位（256 个级别）、16 位（65536 个级别）等。位数越高，量化误差越小，音质越高。量化误差是将连续的幅度值逼近到离散值产生的误差。量化误差会影响信号的质量，特别是在低量化位数的情况下，更容易产生可感知的噪声。

3）编码

编码（Encoding）是将量化后的离散幅度值转换成二进制数，以便在计算机系统中存储和传输。常用的编码方式有G.711、G.726等。例如，G.711采用脉冲编码调制方法，采样频率为8kHz，每个采样点用一个8位二进制数表示，编码后的数据速率为64kbps。

（2）语音识别模型

语音识别是音频信息识别领域研究最多的一个方向，其目的是研究如何从语音中提取有用信息。例如，想从语音中知道说了什么内容（语音内容识别，简称语音识别）、说的是哪国语言（语种识别）、是谁说的（说话人识别，有时也称为声纹识别，多用于安全领域）、说话人来自哪里（口音或方言识别）、说话人是男的女的（性别识别）、说话人是高兴还是悲伤（语音情感识别）等等。语音识别的任务是开放的，大家也可以根据自己的需求定义自己的语音识别任务。

1）传统声学模型

早期语音识别采用隐马尔可夫模型（Hidden Markov Model, HMM）来分析语音信号，其核心思想是：用状态转移概率表示语音单元（如音素）之间的变化规则，用发射概率计算观测到的声音特征（如音调、能量）与隐藏状态之间的匹配程度，从而实现从语音到文本的转换。高斯混合模型（Gaussian Mixture Model, GMM）对语音信号的高维特征空间进行概率密度估计，与隐马尔科夫模型结合使用，HMM负责管理语音单元（如音素）的状态转移，GMM则针对每个状态训练概率密度函数，最终实现对语音特征时空分布的有效建模。

2）神经网络声学模型

神经网络声学模型主要包括卷积神经网络等。卷积神经网络凭借其局部感受野特性，有效捕获语音信号的时频域局部模式；循环神经网络及其改进版本长短时记忆网络通过循环连接结构，实现对语音时序依赖关系的动态建模；而Transformer架构通过多头自注意力机制，显著提升了模型对全局上下文信息的捕捉能力，尤其擅长处理远距离依赖关系。

3）端到端语音识别模型

常见的端到端语音识别模型有CTC（Connectionist Temporal Classification），不关心每个音节对应哪个词，允许模型直接从语音到文本的映射，适合资源受限的场景，如移动端语音助手。Transformer-Transducer结合Transformer和Transducer架构，更像专业翻译，不仅快速转换，还会参考上下文理解整段话的意思，特别适合处理长篇讲话，翻译质量更高。

（3）语音合成模型

语音合成模型的主要任务是将文本转换为自然流畅的语音。主要解决让机器开口说话的问题。语音合成可以看成语音识别的相反过程。常用的语音合成方法有波形合成（如基音同步叠加PSOLA算法）、参数合成（如基于HMM的语音合成）、基于深度学习的语音合成等。当前语音合成研究的热点是跨语种、零样本、个性化合成。

1）传统语音合成模型

传统语言合成模型主要分为共振峰合成和拼接合成。共振峰合成基于线性源滤波器理论，精确调整声道共振峰频率（F1 ~ F4，典型范围300 ~ 3400Hz）及带宽参数，通过级联/并联谐振器组模拟声道动态特性。拼接合成采用预录制的高质量语音单元（单元粒度从音素到短语）构建音库，通过动态规划算法实现单元间的最优拼接，从而生成语音。

2）神经网络语音合成模型

WaveNet基于自回归模型生成高质量的语音波形，逐点描绘声波形状，捕捉每个细微变化，音质极其逼真，但速度慢。Tacotron 2结合注意力机制，先理解文字的文本，再凭注意力机制决定何时如何发音，生成的语音自然较好。FastSpeech采用并行化梅尔频谱生成的非自回归并行架构，通过长度调节器同步文本与频谱，减少计算复杂度，提升语音合成速度。

5.1.4 语音处理的难点与挑战

（1）噪声与复杂环境的干扰

在实际应用中，智能语音系统常常需要在嘈杂环境中工作，如家庭中的电器噪声、公共场所的人声嘈杂或户外的交通噪声。这些背景噪声会严重影响语音识别的准确率。此外，远场语音识别（如智能音箱）也面临回声消除和多声源干扰的问题。解决方案：研究人员提出了多种降噪算法，如基于深度学习的语音增强技术，通过多模态融合和麦克风阵列技术来提高语音信号的信噪比。

（2）方言和口音的多样性

全球范围内，不同地区的方言和口音差异巨大，这对语音识别系统的普适性提出了挑战。例如，汉语中的地方方言和英语中的不同口音都可能导致识别准确率下降。解决方案：通过大规模多语言和多口音的数据训练，以及引入方言和口音的自适应技术，可以提高系统的鲁棒性。

（3）实时性和计算资源限制

高精度的语音处理模型通常需要大量的计算资源，这在移动设备或嵌入式系统中可能难以实现。例如，复杂的深度学习模型可能在实时性要求较高的场景中表现不佳。解决方案：优化模型结构，采用轻量级神经网络和边缘计算技术，可以在有限的硬件条件下实现高效的语音处理。

（4）多轮对话与上下文理解

在复杂的对话场景中，智能语音系统需要理解多轮对话的上下文，并准确把握用户意图。然而，目前的系统在处理长对话和复杂语义时仍存在不足。解决方案：引入注意力机制和记忆网络等技术，可以显著提升系统在多轮对话中的表现。

（5）数据隐私与安全

随着智能语音技术的广泛应用，用户数据的隐私和安全问题日益突出。语音数据的采集、存储和传输都可能带来隐私泄露的风险。解决方案：通过加密传输、差分隐私等技术手段，可以在一定程度上保护用户数据的安全。

（6）低资源语言的支持

尽管语音识别在主流语言（如汉语和英语）中表现优异，但对于一些小语种和方言，由于缺乏足够的训练数据，识别效果仍不理想。解决方案：通过跨语言迁移学习和数据增强技术，可以提高低资源语言的识别能力。

（7）口语表达的随意性

口语表达通常包含大量的口头禅、省略、重复和语速变化，这对语音识别和自然语言理解提出了更高要求。解决方案：优化语音识别模型，使其能够适应不同的语速、语调和口语表达方式。

5.2 语音识别技术

5.2.1 语音识别概述

语音识别技术旨在将人类的语音转化为文本形式，是人机交互的关键技术之一。其工作原理是通过语音信号处理、特征提取、声学模型、语言模型和解码器等核心技术，将语音信号转换为计算机可处理的文本形式。其中，语音信号处理负责将模拟语音信号转换为数字信号并进行预处理；特征提取则从数字语音信号中提取能够表征语音特征的参数；声学模型用于建模语音的声学特性，将语音特征映射到音素或词序列；语言模型负责建模语言的语法和语义规则，约束解码过程中的文本生成；最终，解码器综合声学模型和语言模型的输出，生成最优的文本序列。语音识别任务包括语音识别、带时间戳的语音识别、语音事件检测、语音情感识别、说话风格识别、说话者性别分类、说话者年龄预测和语音识别文本转换等。

经过多年发展，语音识别技术已广泛应用于多个领域，如智能助手（华为"小艺助手"、小米"小爱同学"、苹果Siri等）、语音翻译、医疗语音录入、教育辅助系统等，极大地提升了人们的生活和工作效率。语音识别的难点是语音信号的随机性，包括内容随机（停顿、语序、说话习惯）、场景差异（食堂、教室、剧院）、情感差异（气氛、情绪）、说话人差异（口音、性别、语种）等。相较于文本，语音模态能传递更多维度的信息，然而种种信息的叠加也导致了语音特征变化无常。这也导致了尽管现有大模型（如ChatGPT、DeepSeek）在文本理解上已接近人类水平，但让它们"听懂"语音仍面临巨大挑战。

5.2.2 语音识别文本转换

(1) 语音识别文本转换的基本步骤

语音识别文本转换（Speech Recognition Text Conversion，SRTC）是一种将人类语音信号转换为文本信息的技术，其核心目标是使计算机能够理解和处理人类的自然语言，从而实现更加自然和便捷的人机交互。语音识别文本转换的过程可以分为以下几个关键步骤：

1）语音信号采集

通过麦克风或其他音频输入设备采集人类的语音信号，并将其转换为数字信号。

2）预处理

对采集到的语音信号进行降噪、回声消除、语音活动检测（Voice Activity Detection, VAD）等处理，以提高信号的质量和可处理性。

3）特征提取

从预处理后的语音信号中提取能够表征语音特征的参数，如梅尔频率倒谱系数（MFCC）、线性预测系数（LPC）等。这些特征能够捕捉语音信号中的关键信息，便于后续的处理。

4）声学模型

利用深度学习技术，如卷积神经网络、循环神经网络、Transformer等，建模语音的声学特性，将语音特征映射到音素或词序列。声学模型的目标是识别语音信号中的音素或单词。

5）语言模型

建模语言的语法和语义规则，约束解码过程中的文本生成，提高识别的准确性和流畅性。语言模型通常使用N-gram模型或基于深度学习的语言模型，如Transformer。

6）解码器

综合声学模型和语言模型的输出，生成最优的文本序列。解码器通常使用动态规划算法，如Viterbi算法，来找到最可能的文本序列。

（2）语音识别文本转换的典型应用

1）语音识别文本转换在音乐播放中的应用

语音控制音乐播放是典型的语音识别应用，当听歌用户说“播放下一首歌曲”“播放民谣风格的歌曲”“将音量调高”等命令时，后台程序通过语音识别技术将语音指令转换为文本，并理解其含义，然后执行相应的操作。人工智能程序会首先对原始音频进行降噪、语音活动检测等预处理，确定一段清晰的语音信号的起始和结束点，接着程序将从音频中提取梅尔频率倒谱系数、线性预测系数、短时能量、零交叉率等特征，再使用训练好的深度学习模型将提取的特征映射到音素或词序列，并使用N-gram模型预测单词序列的概率，帮助识别更自然的文本序列。最后使用前序章节提到的自然语言处理技术确定用户的意图是“播放下一首歌曲”或是“调整音量”。识别出的字符亦可以转换为文本显示在屏幕上。

2）语音识别文本转换在电子病历中的应用

语音识别技术在医疗行业中的应用已经变得越来越普及，其中一个重要的应用就是电子病历。传统的手写病历记录不仅耗时，而且容易出现错误或遗漏，语音识别技术的引入使得医生可以通过口述的方式快速准确地记录病人的病史、诊断结果和治疗方案。在电子病历系统中，医生可以使用特殊的语音识别软件，将语音转化成文本信息，这不仅大大提高了医疗信息记录的效率，也提高了医疗信息的准确性。这些系统通常会集成自然语言处理技术，以确保语音识别后的文本信息是逻辑清晰、准确无误的。

5.2.3 语音情感识别

语音情感识别（Speech Emotion Recognition, SER）是人工智能领域重要发展方向，旨在通过分析语音信号中的情感特征，从中立、开心、吃惊、生气、难过等多个维度识别说话者的情绪状态，赋予计算机识别、理解人类情感的能力，在人机交互、智能客服、心理健康监测、情感分析等多个领域具有广泛的应用前景。语音情感识别技术可以分为以下几个关键步骤：

（1）语音信号采集

通过麦克风或其他音频输入设备采集人类的语音信号，并将其转换为数字信号。

（2）预处理

对采集到的语音信号进行降噪、回声消除、语音活动检测等处理，以提高信号的质量和可处理性。

（3）特征提取

从预处理后的语音信号中提取能够表征情感特征的参数。这些特征包括但不限于声学特征：如音调、音强、语速、停顿等；频谱特征：如梅尔频率倒谱系数、线性预测系数等；能量特征：如短时能量、零交叉率等；情感特征：如情感相关的韵律特征、音质特征等。

（4）情感模型

利用机器学习或深度学习技术建模语音中的情感特征，将提取的情感特征映射到情感类别。

（5）情感分类

根据情感模型的输出，将语音信号分类到预定义的情感类别中，如快乐、悲伤、愤怒、惊讶、平静等。

5.2.4 语音识别开源AI模型

（1）阿里巴巴通义实验室SenseVoice

阿里巴巴通义实验室推出的SenseVoice是一个支持多任务语音理解的通用基础模型，涵盖自动语音识别（ASR）、口语语言识别（SLU）、语音情感识别（SER）以及音频事件分类（AEC）与检测（AED）。该模型针对不同应用场景提供了两种架构SenseVoice-Small和SenseVoice-Large。SenseVoice-Small采用纯编码器设计，适用于低延迟的快速语音理解任务；SenseVoice-Large则基于编码器-解码器架构，在多语言支持和复杂语义解析上表现更优，可提供更高精度的语音理解能力。

（2）阿里巴巴通义实验室Qwen2-Audio

Qwen2-Audio是一个大规模音频-语言模型，可以接受各种音频信号输入，并根据语音指令执行音频分析或直接生成文本响应，支持自动语音识别、语音到文本翻译、语音情感识别、声音分类等任务。Qwen2-Audio的训练过程分为三个阶段:预训练、监督微调和直接偏好优化。由于使用了whisper模型，所以不做额外处理的话，最长只支持30秒音频。Qwen2-Audio的发布标志着大规模音频-语言模型研究的一个重要里程碑。它不仅在多个基准测试中实现了最优性能，更重要的是展示了一个统一的音频理解和交互系统的可能性。这为未来的人工智能系统向着更自然、更智能的人机交互方向发展提供了有力支撑。

（3）小红书FireRedASR

由小红书FireRed团队开源的基于大模型的语音识别模型——FireRedASR，在业界广泛采用的中文普通话公开测试集上，字错误率（Character Error Rate, CER）比其他模型相对低 8.4%。字错误率是衡量中文 ASR 性能的主要指标，该值越低，表示模型的识别效果越好。FireRedASR 系列模型包含两种核心结构：FireRedASR-LLM 和 FireRedASR-AED，分别针对语音识别的极致精度和高效推理需求量身打造。团队开源了不同规模的模型和推理代码，旨在全面覆盖多样化的应用场景。

（4）西北工业大学音频语音与语言处理研究组 OSUM 语音理解模型

OSUM 模型将 Whisper 编码器与 Qwen2 LLM 相结合，支持广泛的语音任务，包括语音识别、带时间戳的语音识别、语音事件检测、语音情感识别、说话风格识别、说话者性别分类、说话者年龄预测和语音转文本聊天。OSUM 通过同时优化模态对齐和目标任务，实现了高效稳定的多任务训练。

5.3 音频生成技术

音频生成技术主要解决如何生成音频的问题，包括音频信息合成和音频信息转换两种。音频信息合成是将文本描述的信息转换为音频信号，包括语音合成、歌声合成、伴奏生成、动物叫声合成等；音频信息转换，是将音频信息由一种风格转换为另外一种风格，如语音转换，也叫语音克隆，是将一个人的语音转换为其他人的语音，歌声转换是将某个人的歌声转换为其他特定人的歌声等。

5.3.1 音频合成与转换概述

（1）音频信息合成

音频信息合成是指将文本描述的信息转换为音频信号，如语音合成（Text-To-Speech, TTS）。语音合成指的是将文本状态的文字信息转化为声音信号的过程。语音合成是音频信息生成中的一种，其余音频信息处理还包括歌声合成、伴奏生成、动物叫声合成等。早期的语音合成通过将预录的语音片段拼接在一起生成语音，后来采用声学模型和语音参数生成语音。目前随着人工智能的发展，较好的方法是基于统计模型和大量训练数据生成语音。语音合成的基本步骤包括：

- 文本预处理：对输入的文本进行清洗和标准化，包括处理缩写、数字、特殊字符等。

● 语言分析：对文本进行语法和语义分析，以理解文本的结构和意义。

● 语音合成：根据语言分析结果，生成相应语音信号，涉及语音特征提取、声学模型。

● 语音输出：将生成的语音信号转换为可听的音频文件或直接输出为声音。

当前智能语音合成技术发展方向有：

● 自然度和流畅性：通过更先进的模型和算法，生成更加自然和流畅的语音。

● 多语言和方言支持：扩大语言和方言的支持范围，使语音合成技术服务全球用户。

● 泛化性：少样本语音合成，在小样本训练前提下依然获得高质量语音合成效果。

● 实时性：优化算法和硬件加速技术，提高语音合成的实时性，减少延迟。

（2）音频信息转换

音频信息转换是将音频信息由一种风格转换为另外一种风格。对于语音转换（也叫语音克隆），是将一个人的语音转换为其他人的语音，如智能配音、歌声转换等。从某种意义上说，音频信息转换和个性化的音频信息合成具有很多相似之处，可以通过文本与音频的多模态对齐技术，使得二者可以在一个系统内实现，从而实现更为灵活的音频生成。

5.3.2 语音合成典型应用

（1）智能配音

智能配音又称AI配音，是一种利用人工智能技术将文本内容转换为自然、流畅的语音输出的技术。它通过模拟人类的发声过程，生成接近真人发声效果的语音，这一过程不仅要求声音的自然度和清晰度，还需要确保语音的节奏、语调以及情感表达与文本内容相匹配。比如抖音、快手、B站等短视频平台可生成各种角色的声音，为视频内容增加趣味性和多样性，而在影视制作中，可为动画角色或虚拟形象提供声音，提高制作效率和质量。另外在有声读物应用中，该技术将文本内容转换为自然的语音，为听众提供更加便捷的听书体验。

（2）智能主播

通过语音合成技术，可根据需要创作出虚拟主播，代替部分主播的简单重复劳动。常见的有虚拟主播、虚拟主持人等具体应用。若与天气预报相结合，有基于智能语音合成的天气语音播报技术，自动语音播报天气预报的软件能够实时获取天气数据，并以自然流畅的语音向用户播报天气信息。一些天气应用如“天气预报播报员”还支持多种方言切换。若再结合视频技术多模态，配合上唇形同步、表情控制、肢体控制等技术，可获得半身或全身的数字化身播报员。未来该技术可进一步与3D数字人结合，例如虚拟数字人可以跳出屏幕，与观众进行更加多元的互动。

5.3.3 语音转换典型应用

（1）语音克隆

语音克隆是指在不改变语音内容的情况下，将源说话人的声音转换成目标说话人的声音。声音克隆可以根据目标音或提示词，在口音、风格、停顿、语气、情感等方面进行保留和更改，最终根据应用场景输出另一种风格的声音。语音克隆技术可以运用在多种场景，如游戏角色台词、纪录片旁白、画外音等AIGC行业，可以在短时间内生成特定声音的多种语音内容，帮助企业降低制作成本。本来由年轻女孩念出的一段语音，可通过该技术转换为老年人。

（2）歌声转换

歌声转换又叫AI歌手，AI翻唱等，试图实现不同歌曲声音的转换。例如，“歌手A的演唱的歌曲转换为普通人B的音色演唱”。还可以加入多语言转换。例如，“歌手A的中文歌曲，由普通人B的音色使用英文唱出”。

（3）视频说话人风格转换

语音转换技术与多模态视频技术、数字人技术的结合，可实现视频说话人风格转换，需要设计唇形同步、表情控制、肢体控制等细节。可使用剪映、viitor、videolingo、heygen等工具。上传本地视频，选择好源语言和目标语言，选择不同的输出模式，例如双语模式：保留原声，配上目标语言字幕；AI配音模式：用AI克隆原声音色，进行本土化发音，并加入字幕。

5.3.4 语音对话模型

语音对话模型可以理解为是上述智能语音任务的集大成者，它通过自然的语音多轮交互方式，提供人机沟通的新途径。随着技术的不断进步，语音对话系统已经从简单的语音识别和指令响应，发展到支持多轮对话、情感识别和上下文理解的复杂系统。语音对话系统应具备的 9 种能力为：文本智能、语音智能、音频和音乐生成能力、音频和音乐理解能力、多语言能力、上下文理解能力、交互能力、流式延迟能力、多模态能力。图 5.4 是现有的语音对话模型发展脉络图。根据模型是否能直接理解和生成语音表征将其分为级联式模型和端到端式模型。级联语音对话模型的最早原型可以追溯到 AudioGPT。为了实现语音到语音的对话功能，该系统首先使用自动语音识别模型将语音转换为文本，然后使用 ChatGPT 进行基于文本的对话，最后使用语音合成模型将生成的文本转换回语音。在这个最初的语音对话系统中，语音仅被用作输入输出接口，只保留最基本的文本智能。除了级联式语音对话模型，另一类重要的语音对话系统是端到端语音对话模型。在理想情况下，端到端的语音对话模型在训练和推理过程中都应该只支持语音输入和输出，从而实现多种智能对话功能。

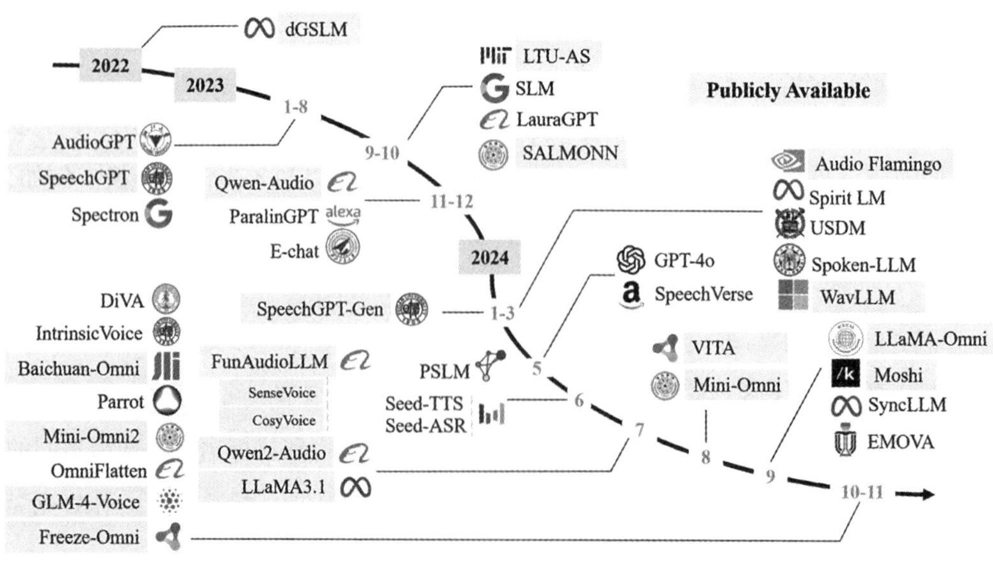

图 5.4　语音对话模型发展时间线

近年来随着具身智能技术的兴起，机器人、自动驾驶车辆开始进入人们的日常生活，车载语音助手、智能音箱、智能眼镜、智能手表、智能别针等智能音频硬件设备也与日俱增，基于语音的人机交互对话显得日益重要，可以获得更为便利的交互体验，特别是双手被占用的某些场景（如驾驶）。其基本原理是利用语音识别技术获取用户语音输入，通过自然语言理解技术理解用户意图，进而进行设备控制或语音应答，整体采用对话管理技术进行控制。多模态、多任务、多语种、低时延语音交互技术是今后人工智能应用的关键发展方向之一。

5.3.5 语音生成开源AI模型

（1）阿里巴巴通义实验室CosyVoice和CosyVoice 2

CosyVoice是一个支持零样本上下文学习、跨语言语音克隆、指令生成和细粒度控制情感和副语言特征的可扩展多语言语音生成模型。CosyVoice 2 在CosyVoice基础上实现了显著进步，合成质量上达到了与人类相当的水平，还具有非常低的响应延迟和实时性。此外，CosyVoice2 还增强了指令TTS能力，能够实现多样化、富有表现力的语音输出。

（2）字节跳动豆包大模型团队Seed-TTS

Seed-TTS是一种基于自回归transformer的模型，由四个主要构建块组成：语音标记器、标记语言模型、标记扩散模型和声学声码器。Seed-TTS是在大量数据(比以前最大的TTS系统大几个数量级)上训练的，以实现强大的泛化和应急能力。

（3）香港科技大学Llasa

当前的TTS系统通常需要多阶段模型，如在LLM后使用扩散模型，这使得在训练或推理阶段扩展计算资源变得复杂。Llasa是一种单阶段TTS框架，旨在简化这一过程，同时探索训练时间和推理时间扩展对语音合成的影响。它基于Llama模型，采用单Transformer架构，结合了一个设计良好的语音分词器，能够将语音波形编码为离散的语音标记，并解码回高质量音频。

（4）香港科技大学、上海交通大学、西北工业大学等联合推出的Spark-TTS

传统的AI语音合成系统需要多个模型协作，比如流匹配或多阶段处理来生成音频特征，而Spark-TTS直接通过大语言模型Qwen 2.5 预测语音代码，并利用其内置的BiCodec解码器重建音频，从而大幅提升合成速度和推理效率。Spark-TTS能够实现零样本语音克隆和让用户根据需求自由调整合成音色，实现个性化语音合成。例如：性别（男声/女声）、语速（快/慢）、音高（高/低）、说话风格（如激情、沉稳、温柔等）。

5.4 人工智能音乐创作

5.4.1 人工智能音乐创作概述

音乐是声音的一种特殊形式，夹杂着文化、情感与社会变迁。中国音乐的起源可以追溯到距今约6000年前的新石器时代。当时的人们使用各种简单的乐器，如骨笛、竹管、石铃等，来创造音乐。这些乐器起初只是用来记录天象和祭祀活动，但随着人们对乐音的审美能力的提升，音乐逐渐成为一种艺术表达形式。目前，随着人工智能技术的迅猛发展，AI赋能音乐产业已成为一个响亮的前沿话题。AI音乐创作是指利用人工智能技术进行音乐创作、编曲、演奏、分析等活动的总称。与传统音乐创作不同，AI音乐的核心在于通过算法模拟人类音乐家的创作过程，生成具有艺术价值的音乐作品。AI音乐不仅限于生成旋律，还包括和声编排、节奏设计、音色选择等多个方面。例如，音乐人或用户通过哼唱旋律、输入MIDI和弦、添加器乐伴奏、输入关键词、情感描述、场景需求生成对应风格的音乐，也可以根据用户上传的照片或文字描述生成音乐。AI音乐创作不仅改变了传统的音乐创作方式，还为音乐产业带来了新的机遇和挑战。以下将从技术原理、应用实例以及未来展望等方面进行详细阐述。

5.4.2 智能音乐生成

本节将智能音乐生成技术按四种创作方式进行介绍，分别为基于歌声转换的歌曲创作、基于AI的乐曲创作、基于AI的歌曲创作、基于AI的演唱视频创作。

（1）基于歌声转换的歌曲创作

类似上一节中提到的语音克隆技术，基于歌声转换的歌曲创作可将歌手A演唱的歌曲以歌手B的音色进行演唱。其技术手段通过克隆目标歌手的音色，将输入歌手的歌声通过语音转换技术转换为目标歌手的歌声，再加上配乐从而实现歌曲的翻唱。目前比较流行的歌声转换歌曲创作软件有So-VITS-SVC，该歌声转换软件是一个基于人工智能的语音转换和歌声合成的开源项目，通过少量目标音色数据训练即可实现高质量转换，能够将一段人声的音色转换为另一个目标音色。

（2）人工智能乐曲创作

人工智能乐曲创作是用文本、图像等描述信息生成音乐（text-to-music）的技术，常见的任务有根据图片生成符合图片内容的音乐，根据一段长文本描述生成音乐，根据乐器、地点等信息的描述生成音乐，以及已有乐器的音乐风格转换等。目前较流行的人工智能乐曲创作应用有字节跳动的海绵音乐、腾讯的XMusic、网易天音、视感科技的AIGC三键成曲等工具。海绵音乐是字节跳动推出的一款创新AI音乐创作工具，用户只需输入灵感提示词或具体歌词，即可一键生成包含旋律、伴奏的完整音乐作品，支持流行、国风、嘻哈等多种风格及治愈、怀旧等情感类别。腾讯的XMusic框架支持多种输入提示（如图像、视频、文本、标签及哼唱），生成情感可控且高质量的符号音乐。该框架包含XProjector和XComposer两个核心组件，能够生成匹配情感和风格的音乐。

（3）人工智能歌曲创作

除了使用人工智能创作纯音乐，人工智能也被拓展到了创作带有歌词的歌曲创作领域。人工智能歌曲创作指的是使用人工智能工具生成文本歌词、音乐伴奏、人声演唱的歌曲创作方式，已有的软件为天工SkyMusic、香港科技大学与Multimodal Art Projection联合推出的YuE、麻省理工团队初创的Suno等。

（4）人工智能歌曲演唱视频创作

基于人工智能的演唱视频创作指的是从文本需求直接生成音乐，并能由数字人演唱歌曲，生成演唱视频，是音乐创作、语音合成、视频生成几种技术的结合。将专属打造的虚拟音乐艺人与AIGC音乐相结合，可进一步拓展如虚拟歌星、元宇宙演唱会等新型音乐形态和商业模式。

5.4.3 智能音乐识别

智能音乐识别指的是人工智能算法收听外界播放的音乐，从而识别具体歌名，它通常使用音频指纹识别技术。当听歌识曲软件听到一段声音时，最先捕捉到音频的时域信号。时域信号表示声音振幅随时间的变化关系，也就是我们通常在录音软件中看到的波形图。为了更有效地分析声音的特征，需要将其从时域转换到频域，并用频谱图表示。然后，音频被拆分成若干小块，提取音频中的显著频率峰值，每个片段的峰值组合就形成了整首歌的音频指纹，音频指纹就像人的指纹是独一无二的，每首歌也有自己独特的指纹，音频指纹就是音频信号的数字DNA。有了歌曲的音频指纹，接下来就是要在已有的歌曲数据库中找到与它匹配的指纹，来识别出具体的歌曲。紧接着还可以将听到的歌词转换为文本。常见的智能音乐识别软件与应用有网易云、QQ音乐，通过分析哼唱、旋律等方式识别歌曲；QQ音乐的智能曲谱功能，通过图像识别技术，自动识别乐谱中的和弦、音高等信息，并生成相应的曲谱，方便用户学习和弹唱。

5.4.4 音乐创作开源AI模型

（1）昆仑万维的天工SkyMusic

天工SkyMusic模型有4000亿个参数，超越了3140亿个参数的Grok-1。它直接通过大模型技术实现乐器、人声、旋律、音量、音符的一体化端到端音乐生成，打破了以往AI音乐生成局限于BGM或符号生成的局限。在人声&BGM音质、人声自然度、发音可懂度等领域表现出色。

（2）昆仑万维Mureka O1

该模型于2025年3月26日发布，是全球首个开放API以及模型微调功能的AI音乐生成平台。不论是开发者，还是音乐平台，现在都可以将Mureka的音乐生成能力无缝集成到自己的产品或平台中，更容易地应用AI音乐功能拓展自己的商业价值；而对于普通用户，可以通过网页和app随时随地创作无门槛的创作音乐内容。

（3）香港科技大学与Multimodal Art Projection联合推出YuE

YuE是一个极具中国特色的名字，意为“音乐”和“快乐”，是一款完全开源的AI音乐生成模型。它能够根据文本歌词自动生成完整歌曲，涵盖人声与伴奏，支持多种音乐风格与语言。YuE具备完全离线运行的能力，无须依赖云端服务器即可生成完整歌曲，这意味着真正的AI音乐创作自由时代已经到来。

5.4.5 AI歌曲演唱视频创作

（1）案例背景

本案例采用即梦AI工具进行歌曲演唱视频创作，演唱者为数字人。通过该案例的实施，旨在向读者展示如何使用人工智能工具进行歌词创作、歌词谱曲、数字人歌曲制作、数字人歌曲演唱等环节。

（2）制作步骤

1）使用即梦AI文生图功能

绘制一个带有“主体特征”“动作场景”“服装细节”的图片，包括背景“环境描述”、希望呈现的“风格类型”效果。例如：“30岁的亚洲男性在湖边，穿着白色背心拿着吉他弹唱”，得到下列备选虚拟图片形象（如图5.5所示）。

图5.5 使用即梦AI创作出的音乐数字人图片

2）使用即梦音乐生成歌曲

可先利用Deepseek生成歌词，再用即梦AI生成音乐。设歌曲名为《红豆词》，创作得到的歌词如下：

绣线绕指尖，漏了半针秋，
你藏起红豆，在砚台最右。
风推纸窗棂，说雨要来偷，
而我写的“平安”，总多一撇愁。

再输入风格提示，使用“周杰伦式细腻”风格创作出音乐。

3）最后使用即梦生成数字人

数字人可以完成“对口型”功能，点开旁白的数字人选项，上传刚刚创立的数字人形象，使用大师模式，最终可得到15秒的视频。视频中演奏者的面部表情、嘴唇与手部动作可以基本匹配音乐的节奏与韵律，并且画面远处湖边的行人、湖面的涟漪都可以进一步提升画面的氛围感。

思考题

1.请简述语音识别的基本流程。

2.请简述计算机如何从文字合成语音。

3.请思考并分析当前的人工智能语音合成结果在情感元素方面存在哪些缺陷。

4.请思考，随着人工智能音乐创作作品的真实感越来越高，应当如何在歌星歌曲版权保护、人工智能伪造音乐识别等方面进行规范。

5.请思考并分析与艺术家人工创作的歌曲相比，当前的人工智能创作歌曲技术在哪些方面还存在缺陷。

6 图像处理与计算机视觉

本章围绕图像处理与计算机视觉的核心理论与技术展开，旨在为读者构建从基础图像操作到高级视觉理解的系统性知识框架。图像处理聚焦于图像的底层分析与增强，是计算机视觉的前置环节；而计算机视觉则通过算法赋予机器“感知”与“理解”图像内容的能力，最终服务于智能决策。二者的结合为现代人工智能应用，如文化遗产保护、视觉内容生产、智慧体育、医学影像分析、智能安防等，提供了关键技术支撑。

6.1 图像处理与计算机视觉概述

6.1.1 基本概念和发展

（1）数字图像处理的概念及历史

1）概念

数字图像处理（Digital Image Processing, DIP）是指通过计算机算法对数字化图像进行分析、增强、压缩或复原的技术，其核心目标是从图像中提取有效信息或改善视觉质量。它基于数学模型和信号处理理论，将图像视为二维数字信号矩阵，借助像素级的数值运算实现去噪、边缘检测、特征提取、目标识别等功能，广泛应用于医学影像、遥感探测、工业检测、人工智能等领域。

2）发展历史

①早期探索（20世纪50—60年代）。

数字图像处理的起源可追溯至计算机的诞生初期。1957年，美国国家标准局（NBS）的Russell Kirsch团队首次通过扫描仪将照片转换为数字矩阵，处理了世界上第一张数字图像（其儿子的黑白照片）。20世纪60年代，NASA喷气推进实验室（JPL）在太空探测任务中利用计算机修复"徘徊者7号"传回的月球图像，标志着数字图像处理技术正式进入工程应用阶段。此时算法简单，受限于计算机性能，主要聚焦于基础图像增强与编码研究。

②技术发展期（20世纪70—80年代）。

随着集成电路和计算机硬件的进步，图像处理技术迎来突破。1972年，CT扫描（计算机断层成像）的发明将数字图像处理引入医学领域，通过投影重建技术实现人体内部结构可视化。20世纪80年代，卫星遥感和军事需求推动图像压缩与特征提取算法发展，JPEG/MPEG标准的前期研究启动。同时，边缘检测（如Canny算子）、傅里叶变换等经典理论的成熟，为后续技术奠定数学基础。

③成熟与普及期（20世纪90年代—21世纪初）。

互联网和多媒体技术的爆发式增长加速了图像处理的民用化。1990年，Adobe Photoshop 1.0发布，使数字图像编辑走向大众。小波变换（1992年的JPEG 2000核心算法）显著提升了压缩效率，而数字相机和手机的普及催生了实时处理需求。医学影像（MRI、PET）与工业检测系统广泛应用，同时，人脸识别、指纹识别等模式识别技术开始进入安防领域。

④智能化与深度学习时代（2010年左右至今）。

深度学习的崛起彻底重构了图像处理范式。2012年，AlexNet在ImageNet竞赛中凭借卷积神经网络大幅提升图像分类准确率，开启AI驱动的图像分析新纪元。生成对抗网络、目标检测（YOLO）、图像分割（U-Net）等技术不断突破，推动自动驾驶、医学影像诊断、AR/VR等场景落地。与此同时，智能手机集成AI芯片，实时超分辨率、风格迁移等应用走入日常生活，数字图像处理进入"感知—决策—创造"的全链条智能化阶段。

（2）计算机视觉的概念及历史

1）概念

计算机视觉（Computer Vision, CV）是一门研究如何让机器“看”并理解视觉世界的交叉学科，其核心目标是通过算法处理图像或视频数据，从中提取有意义的信息、识别模式并作出决策。它结合了图像处理、模式识别、机器学习和人工智能等技术，旨在模拟人类视觉系统的功能，使计算机能够执行物体检测、场景重建、运动分析、图像分类等复杂任务。应用场景涵盖自动驾驶、医疗影像分析、工业质检、增强现实、安防监控等领域，是人工智能技术落地的关键技术之一。

2）发展历史

①**萌芽期（20 世纪 60—70 年代）**。

计算机视觉的起点可追溯至 1966 年 MIT 的“夏季视觉项目”（Summer Vision Project），旨在通过简单程序从图像中分割物体轮廓。早期研究集中于低层视觉任务，如边缘检测（如 Roberts 算子）和形状分析。20 世纪 70 年代，David Marr 提出视觉计算理论框架，强调从二维图像到三维场景的重建过程需经历“原始草图→2.5 维骨架→三维模型”三阶段，奠定了理论基础。同时，首台工业视觉系统（如 SRI 的 Shakey 机器人）开始探索环境感知与路径规划。

②**算法探索期（20 世纪 80—90 年代）**。

20 世纪 80 年代，主动视觉与立体视觉技术兴起，研究者通过多视角几何（如八点法）实现深度估计。1986 年，BP 神经网络被用于手写数字识别，但受限于算力未成主流。20 世纪 90 年代，统计学习方法推动特征工程发展，如 Viola-Jones 人脸检测框架（2001 年）和 Lowe 的 SIFT 特征描述子（1999 年），显著提升目标识别鲁棒性。同时，医学影像领域率先落地，如基于视觉的 CT/MRI 图像辅助诊断系统。

③**数据驱动与实用化期（2000 年左右—2010 年）**。

互联网与 GPU 算力爆发推动了数据驱动方法的发展。PASCAL VOC（2005 年）与 ImageNet（2009 年）等大型数据集成为算法评测基准。传统方法依赖手工特征（如 HOG、SURF），但复杂度高且泛化性弱。2010 年，Kinect 通过深度传感器实现实时人体动作捕捉，推动 AR/VR 与游戏交互。工业场景中，视觉质检系统在汽车、电子制造中普及，安防领域的人脸门禁初步商业化。

④**深度学习革命期（2010 年左右至今）**。

2012 年，AlexNet 在 ImageNet 竞赛中以超越传统方法 10% 的准确率夺冠，标志着深度学习统治计算机视觉的开端。卷积神经网络成为主流架构，催生了目标检测（如 Faster R-CNN）、图像分割（如 Mask R-CNN）等突破。2015 年后，生成对抗网络与 Transformer 架构进一步革新图像生成（如 DALL-E）与视频理解。技术落地爆发：自动驾驶依赖多传感器融合视觉感知，医疗影像 AI 辅助诊断获 FDA 批准，短视频平台依托内容理解与推荐算法重塑信息传播。当前，大模型（如 CLIP、SAM）正推动视觉任务迈向通用化与零样本学习。

6.1.2 数字图像的表示

数字图像是通过离散化采样和量化将现实世界的连续视觉信息转换为计算机可处理的数字化形式，其核心表示方法包括以下要素：

（1）基本结构

数字图像最基本的结构是像素（Pixel），像素是图像的最小单元（如图 6.1 所示）。每个像素包含位置坐标，如（x, y）和灰度值/颜色值。

数字图像可以用矩阵表示，灰度图像可表示为二维矩阵 $I(x, y)$，每个元素对应像素的亮度值，如 0 ~ 255，而彩色图像的每个元素对应像素的颜色值，颜色值又是一个三维向量，如 RGB，所以彩色图像可以看作是一个三维矩阵。

图 6.1　像素图例

（2）色彩空间

色彩空间（Color Space）是用于系统化描述与表示颜色的数学模型，定义了颜色信息的组织方式与编码规则，是数字图像处理、存储与显示的基础。不同色彩空间基于人眼感知、硬件特性或应用需求设计，可划分为以下主要类型：

1）RGB色彩空间

原理：基于三原色（红、绿、蓝）叠加的加色模型，模拟人眼视锥细胞对光线的响应。

表示：三维直角坐标系，每个颜色由红、绿、蓝（R、G、B）分量组合，范围通常为0 ~ 255（8位量化）。

应用：显示器、摄像头、网页设计等发光设备的原生色彩表示。

2）CMYK色彩空间

原理：基于减色混合（青、品红、黄、黑），通过油墨吸收光线实现颜色呈现。

表示：四通道组合，K（黑色）用于增强暗部细节并减少油墨消耗。

应用：印刷、喷绘等依赖物理介质的色彩输出。

RGB色彩组合与CMYK色彩组合如图6.2所示。

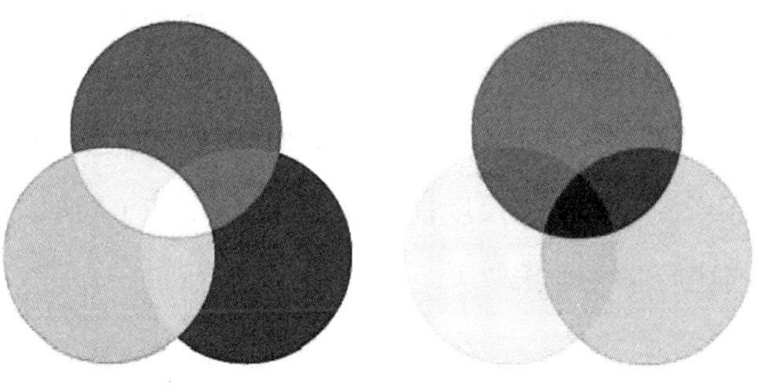

图6.2　RGB色彩组合和CMYK色彩组合

3）HSV/HSL色彩空间

HSV/HSL色彩空间以色相（Hue）、饱和度（Saturation）、明度（Value）或亮度（Lightness）分离颜色属性，更贴近人类对颜色的直观描述。其中，Hue（0 ~ 360°）表示颜色种类（如红、蓝），Saturation（0% ~ 100%）表示颜色纯度

（高饱和度更鲜艳），Value/Lightness （0% ~ 100%）表示颜色明暗程度。HSV/HSL色彩空间主要应用于图像编辑软件，如Photoshop中的颜色选取、滤镜调整，便于直观控制颜色特性。

6.1.3 数字图像的特征提取

特征提取是计算机视觉的核心任务之一，旨在从图像中抽取出具有判别性和鲁棒性的信息，以支撑后续的分类、检测、识别等任务。根据技术演进，特征提取方法可分为传统手工设计特征与深度学习自动特征两大类。

（1）传统手工设计特征

通过人工定义规则提取图像的局部或全局特征，强调可解释性，适用于小数据场景。

1）边缘与角点特征

常用的边缘与角点特征提取方法有Canny边缘检测、Harris角点检测和SIFT（尺度不变特征变换）。Canny边缘检测通过梯度计算和多阈值处理提取轮廓。Harris角点检测基于局部窗口灰度变化识别角点，如物体拐角。SIFT（尺度不变特征变换）通过尺度空间极值检测和方向直方图生成旋转、尺度不变的局部特征点。

2）纹理特征

常用的纹理特征提取方法有Gabor滤波器和LBP（局部二值模式）。Gabor滤波器模拟人类视觉系统，多方向多尺度提取纹理特征。LBP（局部二值模式）通过邻域像素灰度比较描述局部纹理模式。

3）统计特征

常用的统计特征提取方法有HOG （方向梯度直方图）和颜色直方图。HOG（方向梯度直方图）统计局部区域梯度方向分布，广泛用于行人检测。颜色直方图统计图像颜色分布，可用于图像检索或分类。

4）频域特征

常用的频域特征提取方法有傅里叶变换和小波变换。傅里叶变换将图像转换到频域，分析能量分布或周期性纹理。小波变换能多分辨率分解图像，提取不同频段的特征。

（2）深度学习自动特征

通过神经网络自动学习图像的多层次抽象特征，依赖大数据驱动，具有更强的泛化能力。

1）卷积神经网络

卷积神经网络能提取浅层特征和深层特征。浅层特征是通过浅层卷积核提取的边缘、颜色、纹理等基础特征。深层特征是深层网络学习的语义信息，如物体部件、类别。卷积神经网络的经典模型有AlexNet、VGG、ResNet。

2）注意力机制与Transformer

使用注意力机制和Transformer进行特征提取是当前深度学习领域的重要技术手段，尤其在处理序列数据（如文本、语音）和非序列数据（如图像）时展现出了强大的特征表示能力。自注意力机制能捕捉全局上下文关系，增强对长距离依赖的建模能力，如Vision Transformer。区域注意力能聚焦关键区域（如目标主体），抑制背景干扰。

3）对比学习与自监督特征

对比学习与自监督学习是近年来深度学习领域的重要技术，旨在无须人工标注的情况下，通过挖掘数据内在结构来学习高质量的特征表示。自监督学习通过设计预训练任务（Pretext Task），从数据本身生成监督信号，无须人工标注。对比学习属于自监督学习的子类，通过构造正样本对（相似样本）和负样本对（不相似样本），使模型学会区分特征空间中的相似性。

6.1.4 常用图像处理与计算机视觉AI模型介绍

（1）卷积神经网络

卷积神经网络（Convolutional Neural Network, CNN）是一种专门用于处理具有网格结构数据（如图像、视频、语音）的深度学习模型。其核心思想是通过局部感受、权值共享和空间下采样来高效提取数据特征。

1）卷积的思想

卷积操作是局部加权求和的过程，用于从输入数据（如图像）中提取特征。核心操作首先是输入一个二维矩阵，如图像像素，或三维张量，如RGB图像，含多个通道，并给定一个卷积核（Filter）。卷积核是一个小的权重矩阵，如 3×3、5×5，可以根据需要自行定义。然后，卷积核在输入上滑动，在局部区域计算点乘后求和，生成新的特征图（如图 6.3 所示）。

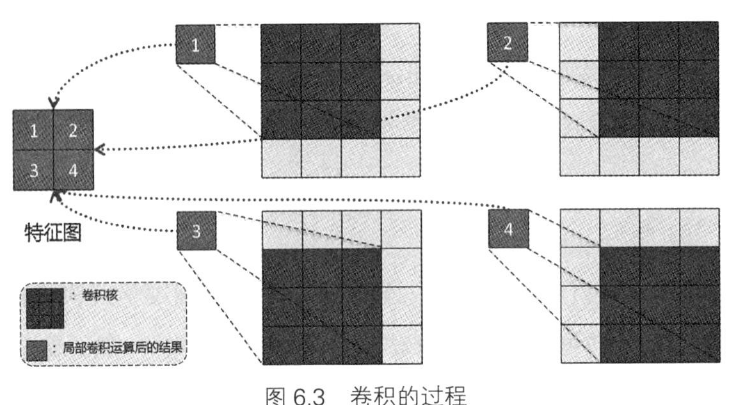

图 6.3　卷积的过程

2）卷积神经网络的思想及特点

卷积神经网络是一种专门用来处理图像、视频等网格数据的深度学习模型。它的设计灵感来自人类视觉系统。我们看东西时，大脑会先识别简单的线条、颜色，再组合成复杂的形状，比如人脸、动物等。卷积神经网络也是这样，它像一个挖掘者，一层一层地从图片中找出关键信息。图 6.4 为卷积神经网络的结构：

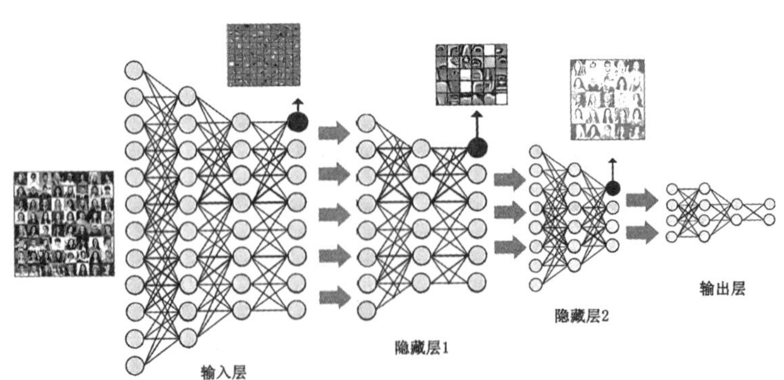

图 6.4　卷积神经网络的结构

①**CNN 的核心思想：**局部观察，逐步分析。如果把所有像素点混在一起看，效率低且容易忽略重要细节。CNN 像用一个小窗口（比如 3×3 的方块）在图片上

滑动，每次只观察一小块区域，逐步拼凑出完整信息。CNN局部感受野就像用放大镜一点点看图片的细节。

②**权值共享：**同样的规则到处用。普通神经网络的每个位置的像素都要学一套新规则，计算量太大。CNN用同一个“小窗口”（卷积核）扫描整张图片，这样既高效又能发现重复模式（比如“横线”“竖线”）。

③**逐步抽象：**从简单到复杂。第一层识别边缘、颜色，中间层组合成纹理、形状，比如眼睛、轮子，最后层判断整体是什么，比如“猫”“狗”。

3）卷积神经网络的功能

卷积神经网络在现实生活中应用广泛，例如在手机解锁、支付验证中的人脸识别，医学影像分析中的X光片检测疾病，自动驾驶中识别红绿灯、行人，艺术创作中AI画画、风格迁移等。

（2）生成对抗网络

生成对抗网络（Generative Adversarial Network, GAN）是一种通过对抗训练生成逼真数据的深度学习框架，由生成器（Generator）和判别器（Discriminator）两部分组成，两者在博弈中共同提升性能（如图6.5所示）。其核心思想是“以假乱真”，被广泛应用于图像生成、数据增强。

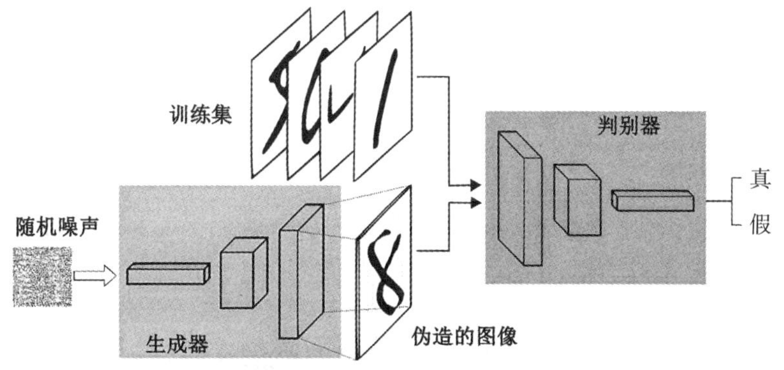

图6.5 生成对抗网络的结构

1）基本思想

我们可以把生成对抗网络比喻为一场“真假对决”游戏。想象有两名同学在玩一个“伪造与鉴别”的游戏。

①**生成器**。

任务：模仿大师的画作，画出以假乱真的作品。

目标：骗过鉴别器，让它认为生成器的画是真迹。

②**鉴别器**。

任务：仔细检查每一幅画，分辨哪些是大师原作，哪些是生成器的伪造品。

目标：提高鉴别能力，不被生成器欺骗。

通过生成器和鉴别器两人不断对抗、学习，生成器越画越逼真，鉴别器越查越仔细。最终，生成器能创作出几乎无法被识破的“画作”。

2）应用场景

①**生成逼真的内容**：生成不存在的人脸照片，如AI换脸；画出动漫风格的风景或角色，如AI绘画工具，创作音乐或短视频片段。艺术家可以用它辅助创作，游戏开发者能用它快速生成虚拟场景。

②**数据增强**：如果学校要训练一个识别植物的AI，但真实照片太少，生成对抗网络可以生成更多“假植物”图片来补充数据，可以解决数据不足的问题，让AI学得更全面。

③**修复与转换**：老照片修复，如补全模糊的脸部，将夏天的风景图变成冬天，如修改树叶颜色、添加积雪，可以让图像处理更智能、更自动化。

（3）扩散模型

扩散模型（Diffusion Models）是一类近年来迅速崛起的生成模型，在图像、音频、视频生成等领域表现出色，甚至超越了传统的生成对抗网络和变分自编码器。其核心思想是通过逐步添加和去除噪声来学习数据分布，实现高质量的数据生成（如图6.6所示）。

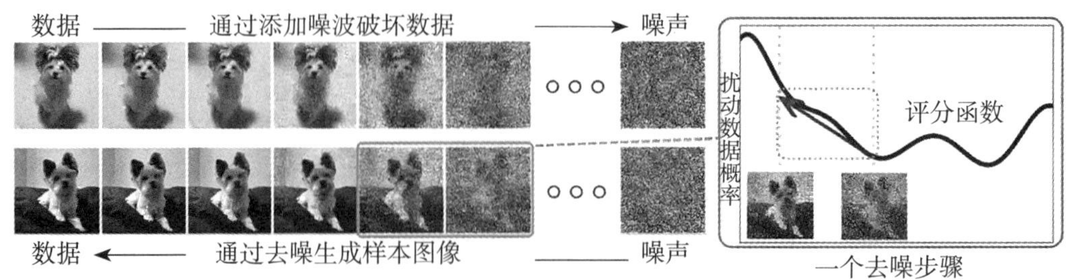

图6.6　扩散模型的生成过程

1）核心思想

想象一下，你有一张白纸，想画一条狗。但你不知道从哪里下笔，于是你决定先随便涂鸦，再一步步擦掉错误的线条，最后得到一条完整的狗，这就是扩散模型的核心思想。它通过“先破坏，再修复”的方式学习生成内容，如图片、音乐、文字，就像一位“逆向艺术家”。

①**破坏阶段（加噪）：**该阶段的任务是把一张清晰的图片，比如狗的照片，慢慢变成全是随机噪点的“雪花屏”。打一个比方，相当于把墨水一滴一滴地倒入一杯清水，直到水完全变黑。该步骤最关键的地方是记录每一步如何添加噪点，就像记录墨水扩散的规律。

②**修复阶段（去噪）：**该阶段任务是让AI学习如何从噪点中一步步恢复出原始图片。相当于一杯被墨水染黑的水，如何逆向过滤，一滴一滴还原成清水。该步骤最关键的地方是AI通过观察大量“破坏—修复”的配对数据，学会“擦除噪点”的规律。

2）应用场景

①**生成逼真内容：**画图，如AI绘画工具DALL-E、作曲、写故事。

②**修复不完整数据：**修复老照片、补全被遮挡的图像。

③**跨模态转换：**把文字变成图片、把草图变成照片。

6.2 图像处理应用

6.2.1 图像修复

图像修复技术是一项结合传统美术、摄影技巧和现代计算机图像处理技术的综合技能，旨在恢复因时间、环境等因素而破损、褪色或模糊的图像。

图像修复技术目前主要依赖于深度学习和图像处理算法。主要处理步骤包括：

（1）图像扩展

AI模型通过智能地猜测图像的小方块，将原本模糊或低清晰度的部分变得更清晰。这需要依赖大量数据训练，以保证生成的细节尽量像真的一样。

（2）细化处理

虽然扩展后的图像细节变多了，但可能会出现噪声或假影子，影响整体效果。这时模型会对图像进行进一步的处理，去掉这些多余的杂质，并增强真实的细节。这一步使用生成对抗网络，通过不断调整，让图像看起来更逼真。

（3）图像重建

在这个阶段，AI不仅仅修补某个部分，而是对整个图像进行全面的修改和优化，确保每个细节、每个像素在高分辨率下都协调一致。通过这些关键技术的合作，可以把一张模糊的图变成高分辨率的清晰图像，赋予它新的生命力。

图 6.7 展现了图像重建的效果。

图 6.7　图像重建示例

6.2.2 线条图生成真实照片

假设有一张动漫人物的草稿，只有轮廓和线条，计算机自动填充皮肤、头发、衣服等细节，让这个人物像真人照片一样逼真，这就是“线条图生成真实照片”技术（如图 6.8 所示）。主要应用场景有游戏角色设计、动画制作、虚拟偶像等。

图 6.8 线条图生成真实感照片（AI 生成）

主要处理步骤为：

（1）计算机“看懂”线条图

学习大量真人照片：人工智能会先观察成千上万张真人照片，学习“人脸规律”，比如眼睛在鼻子上面，嘴巴在鼻子下面。

对比线条与真实特征：当输入一张线条图时，AI 会根据学到的规律，猜测线条对应的五官、光影和颜色。

（2）生成细节的关键技术

采用生成对抗网络，生成器负责把线条图变成逼真照片，判别器判断照片是 AI 画的还是真实的。两者不断改进，直到生成的照片“骗过”判别器。

（3）补充细节

填色：人工智能根据常见肤色、发色填充颜色，比如亚洲人黑发，欧洲人金发。

加光影：模拟光线在鼻梁、脸颊的明暗变化，让脸部更立体。

加纹理：生成皮肤毛孔、头发丝等细节。

6.2.3 照片背景人物去除

当班级合影时有路人突然闯入，拍摄风景照时有人挡住了美景，这时需要保留照片中的主角或风景并去掉干扰人物，让照片更干净。去除照片中的背景人物是图像处理中的常见需求，是最常用的图像处理应用，常用于旅游照修复、人物特写或隐私保护（如图 6.9 所示）。目前，照片中背景人物去除主要依赖于深度学习的方法。主要处理步骤包括：

图 6.9　去除照片中的背景人物

（1）标注数据集

收集大量带标注的图片，标注出哪些区域需删除，哪些区域须保留，比如主体人物。数据集为模型学习提供待保留区域和删除区域的标注数据，便于模型训练阶段让模型学会判断哪些区域需要保留。

（2）模型训练（教会AI“识别边界”）

常用模型有U-Net和Mask R-CNN等，该步骤通过对标注数据的学习，教会模型检测物体并生成像素级掩膜（mask），相当于输入一张照片，该步骤输出一个“黑白蒙版”，白色区域代表需保留的主体（如人物），黑色区域代表需删除的背景（如干扰人物）。

（3）主体分割（AI的“智能剪刀”）

AI通过卷积层分析图片的纹理、颜色、形状，识别主体边界，如头发丝、透明薄纱。该步骤生成掩膜，输出主体区域的精确轮廓，如将人物转化为透明背景的PNG图。

（4）背景修复（AI的“想象力补全”）

该步骤的关键在于去除背景后，需填补缺失区域，如人物身后的墙壁、草地。

传统的方法是复制附近像素，类似PS的“内容识别填充”，适合简单背景。目前更多是采用AI生成，使用生成对抗网络或扩散模型，根据周围环境生成合理内容，如补全被遮挡的窗户。

6.3 艺术图像风格迁移

图像风格迁移是一种通过人工智能技术，将一张图片的“艺术风格”转移到另一张图片上的方法。如把梵高绘画风格迁移到普通照片中，让其拥有梵高的艺术绘画效果（如图 6.10 所示）。该项技术可以辅助艺术家快速生成创意方案，广泛应用于影视特效、游戏美术、文创产品开发及个性化艺术教育工具。

图 6.10 艺术图像风格迁移示例（左：内容图像；中：风格图像；右：风格化图像）

6.3.1 基本原理

通过技术处理，让一张普通照片看起来像梵高的《星空》或毕加索的抽象画，这就是艺术图像风格迁移。它利用人工智能技术，将一幅艺术作品的风格，如颜色、笔触、纹理等，与另一张图片的内容，如人物、风景相结合，创造出全新的艺术作品。

图像风格迁移的技术有多种，常见的有以下三类：

（1）卷积神经网络风格迁移

卷积神经网络通常使用预训练的CNN，比如VGG网络，分层提取内容图像的内容特征和风格图像的风格特征，通过定义内容损失和风格损失，优化生成图像，使其在内容上接近内容图像，在风格上接近风格图像，从而将艺术名作风格迁移至目标图像，实现保留原图结构的同时赋予新艺术效果。

1）卷积神经网络的作用

角色：像“多层放大镜”观察图像。

浅层卷积：识别颜色、边缘（类似观察色块和线条）。

深层卷积：理解物体形状（如识别猫耳朵或树木轮廓）。

用途：传统风格迁移（如Gatys算法）用VGG拆解图像的内容和风格特征。

功能类比：用放大镜先看画布纹理（风格），再看整体构图（内容）。

2）单风格专用网络

基本原理：提前训练一个“风格翻译器”，输入内容图后，网络直接输出目标风格图，如梵高专用模型。

特点：速度快，手机APP常用，如Prisma，但每个模型只能处理一种风格。

功能类比：专门练习模仿某一特定画风的机器人画家。

3）多风格通用网络

基本原理：输入内容图和风格参考图，输出风格迁移后的混合图片，代表模型有Style Aggregation Network。

特点：可根据输入的不同的风格参考图，随时切换不同风格，生成速度慢于单风格网络，需要训练一个通用风格迁移网络。

功能类比：一个能够模仿多种艺术风格的画家，但可能因对每种风格没有深入学习，模仿效果会出现形似神不似。

（2）生成对抗网络风格迁移

生成对抗网络通过生成器与判别器的对抗训练实现风格迁移。生成器将目标艺术风格（如油画笔触）融入原图，判别器则评估生成图像与真实艺术品的相似性。二者持续博弈优化，最终生成既保留原图内容又具备目标风格的作品。可以分为两类：

1）CycleGAN（跨域转换）

核心思想：两个“画家机器人”互相挑战。生成器：把内容图像变成风格画，判别器：判断图片是AI生成还是真迹。满足循环一致性：风格画还能变回原照片，防止乱改内容。

特点：无须依赖配对数据训练，仅需提供两类风格图像集，如一组照片与一组油画，即可学习双向转换，模型支持风格互换。

限制：在处理如发丝、笔触细节等复杂纹理时可能丢失精细特征，生成结果易出现模糊或重复的单色调。

2）StyleGAN（细节控制）

核心思想：通过解耦潜在空间中的风格向量与图像生成过程，将目标艺术风格编码为风格参数，逐层注入生成网络，实现内容结构与艺术风格的分离控制，支持对特定风格属性的定向编辑与混合。

特点：生成图片分辨率高，可调控细粒度风格，例如独立调整画作的笔触粗细与色调冷暖，或融合不同艺术家的技法，生成兼具创意与真实感的混合风格作品。

限制：模型依赖大规模风格数据集训练，且对硬件算力要求极高，风格控制需专业调参，易因潜在空间纠缠导致局部失真。

（3）扩散模型风格迁移

扩散模型风格迁移通过渐进式去噪过程实现艺术风格转换。模型首先学习目标风格（如印象派笔触或水墨晕染）的分布特征，再通过反向扩散逐步将原始图像内容与风格特征融合。相较于传统方法，其生成效果更细腻且可控性更强，可精准调整风格强度，适用于高精度数字艺术修复、个性化艺术滤镜及跨模态风格融合创作。主要技术有三种：

1）DDPM（去噪扩散概率模型）

核心思想：通过前向过程逐步添加噪声破坏图像，再通过逆向过程学习去噪并融合目标艺术风格，利用马尔可夫链的逐步迭代实现内容与风格的平衡生成，核心在于对噪声分布的概率建模。

特点：生成的艺术作品风格还原度高，细节层次丰富，尤其擅长复刻笔触复杂的传统绘画风格，适用于离线高精度创作场景。

限制：高计算资源需求限制了实时应用，且风格迁移强度调整不够灵活，难以在单次生成中实现多风格混合，对硬件算力与时间成本要求苛刻。

2）DDIM（去噪扩散隐式模型）

核心思想：基于扩散模型的隐式采样优化，通过非马尔可夫链跳步去噪加速生成，将内容图像与目标风格特征在潜空间融合，实现高效可控的风格迁移。

特点：生成速度显著提升，可控性更强，支持动态调整风格强度与局部细节保留，适用于实时交互式艺术设计。

限制：跳跃采样可能损失复杂纹理细节，风格混合灵活性有限，生成效果依赖初始噪声与条件引导精度。

3）SD（Stable Diffusion，稳定扩散模型）

核心思想：通过潜在扩散（Latent Diffusion）降低计算成本，将图像压缩至潜空间进行风格迁移，结合CLIP等跨模态编码器解析风格描述（如“水彩画”），在去噪过程中融合内容与风格特征，实现文本引导的高效风格迁移。

特点：支持多模态控制（文本+图像输入），生成速度快且显存占用低，可灵活叠加多种艺术风格，适用于动态设计需求。

限制：对文本提示的准确性依赖较高，抽象风格易出现语义偏差，且生成逻辑透明度低，调试难度较大。

6.3.2 卷积神经网络风格迁移

卷积神经网络像一组“不同倍数的显微镜”，逐层观察图片，其中浅层网络（靠近输入）用于捕捉基础特征，例如颜色、边缘、简单纹理（如建筑轮廓）；深层网络（靠近输出）用于理解复杂结构，例如物体形状、整体构图（如《星空》的螺旋笔触）。网络训练中，通过内容损失和风格损失控制生成图像的质量，其中内容损失是生成图与内容图在深层网络输出的差异（如均方误差），而风格损失是统计不同特征之间的相关性（如某个区域是否伴随粗笔触）。

如图 6.11 所示，基于传统卷积神经网络的风格迁移模型可分为训练框架和推理框架两部分。

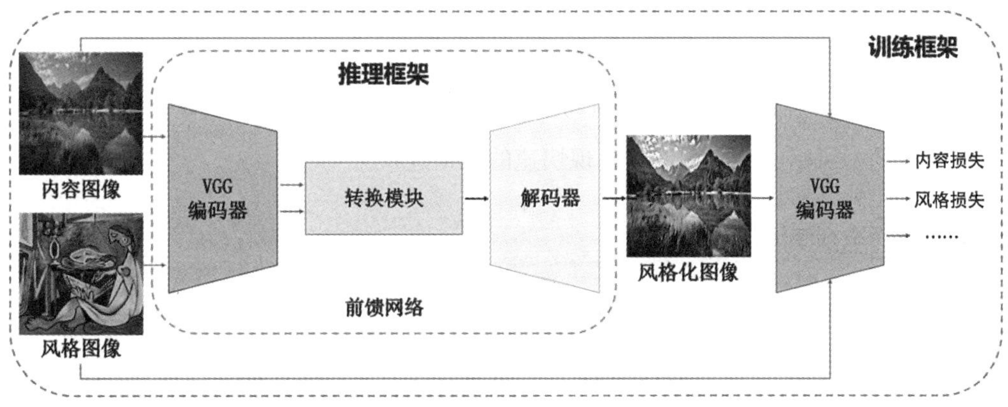

图 6.11 基于卷积神经网络的风格迁移模型

(1) 训练框架

训练框架主要包括前馈网络和损失计算模块两部分。

1）前馈网络

前馈网络由VGG编码器、转换模块和解码器构成。其中，VGG编码器用于提取输入图像的内容和风格特征；转换模块负责将内容特征与风格特征融合交互，生成风格化特征；解码器则负责将风格化特征还原为具有目标风格的图像。

2）损失计算模块

在损失计算中，通常采取基于VGG网络来提取内容和风格等特征，通过内容损失和风格损失对前馈网络进行优化训练。其中，内容损失衡量生成图像与原始内容图在深层特征空间中的差异（通常采用均方误差）；风格损失则通过比较图像特征之间的统计相关性（如Gram矩阵）来度量风格一致性，例如某个区域是否伴随粗笔触。

在网络训练过程中的具体步骤如下：

特征提取：使用VGG等多层卷积神经网络对图像进行分析。浅层网络捕捉边缘等细节，深层网络理解图像整体结构，如结构、形状。

内容与风格分离：通过内容损失保持原图的结构信息，通过风格损失使生成图呈现目标风格的纹理与色彩。

图像生成优化：通过反向传播不断调整图像像素，逐步减少内容损失和风格损失，最终得到既保留内容又有艺术风格的图片。

（2）推理框架

推理框架仅包含训练好的前馈网络。在推理阶段，输入任意图像即可实时生成具有指定艺术风格的输出图像，实现快速的风格迁移。

6.3.3 对抗生成网络风格迁移

对抗生成网络由生成器和判别器构成。生成器像一名 “学生画家”，临摹大师风格并尝试创作。判别器像一名 “艺术鉴定师”，判断作品是学生画的还是大师真迹。

图 6.12 展示了基于对抗生成网络的风格迁移模型，该模型也包含训练框架与推理框架两个部分。

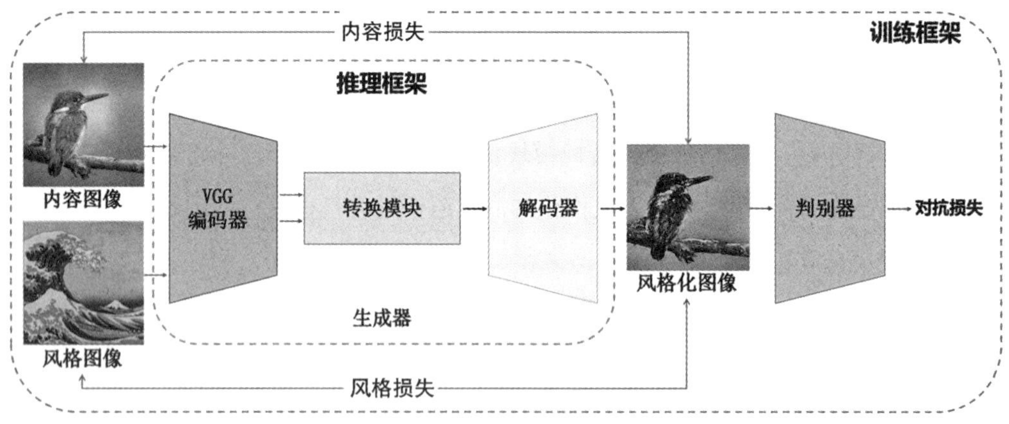

图 6.12 基于对抗生成网络的风格迁移模型

（1）训练框架

训练框架主要由生成器、判别器与损失计算三部分构成。

1）生成器

与基于深度卷积神经网络的风格模型类似，生成器由 VGG 编码器、转换模块与解码器三个部分构成。其中，VGG 编码器用于提取内容图与风格图的深层特征，内容图主要提取结构信息，如轮廓、布局，风格图提取纹理信息，如色彩、笔触等；转换模块是对内容特征与风格特征进行融合，构造风格化特征图；解码器则是将融合后的深层特征还原为可视图像，生成具有目标风格的图像。

2）判别器

判别器的作用相当于“艺术鉴定师”，用于判断图像是否为真实艺术风格图。它通过对比真实名画与生成器产出的图像，在图像细节，如纹理、色彩一致性、笔触自然度层面进行判断，以提升生成图像的真实性。

3）损失函数

模型在训练中通过内容损失、风格损失以及对抗损失联合优化生成器和判别器的网络参数。其中，内容损失衡量生成图与内容图在深层特征空间中的差异，保持图像内容结构一致性；风格损失利用Gram矩阵对比生成图与风格图在纹理统计上的一致性，确保风格特征准确迁移；对抗损失则是判断生成的风格化图像能否欺骗判别器，使得生成器输出更逼真的图像。

在训练过程中，模型的对抗训练主要包括以下三个步骤：

①**训练判别器**。

该训练的目标是让判别器学会区分“真画”和“假画”。

具体步骤：输入一批真实名画，判别器标记为“真”，输入生成器的初期作品，判别器标记为“假”，经过很多次训练，判别器逐渐学会识别低级错误，如颜色不自然。

②**训练生成器**。

该训练的目标是让生成器创作更逼真的“假画”，欺骗判别器。

具体步骤：固定判别器参数，生成器不断调整创作策略。生成器尝试让判别器对生成的风格化图像打高分，误判为“真”。在训练中，保证内容损失和风格损失的值尽可能地小。

③**交替优化**。

重复以上步骤①和②，直到生成器能稳定创作“以假乱真”的作品。可以理解为学生画家和艺术老师不断切磋，最终学生成为“高手”，实现以假乱真的风格迁移效果。

（2）推理框架

推理阶段仅保留训练完成的生成器。输入一张任意图像与目标风格图，生成器即可快速输出融合艺术风格的结果图。

6.3.4 扩散模型风格迁移

扩散模型实现风格迁移的方法原理是通过逐步添加噪声（破坏原图）和逐步去噪（重建新图）的过程，将图片从“混乱”转化为“有序”，并在重建过程中融入目标风格。在重建过程中，保留原图内容（如建筑轮廓）的同时，模仿目标风格，如风格图的笔触、颜色等。图 6.13 展示了基于扩散模型的风格迁移的整体流程。

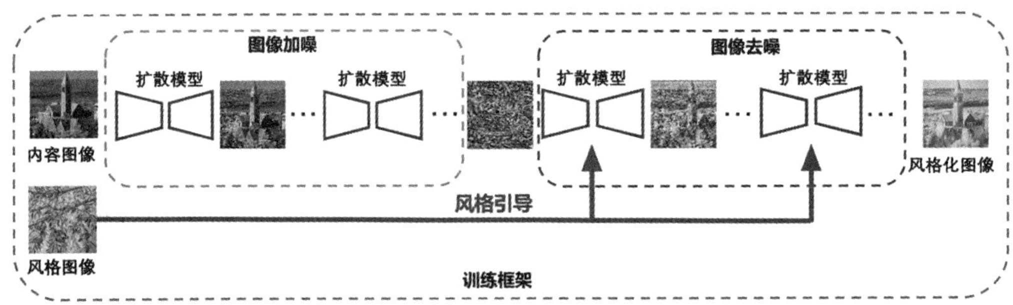

图 6.13　基于扩散模型的风格迁移模型

（1）图像加噪

该过程使用扩散模型对输入的内容图像逐步添加高斯噪声，生成多个中间状态图像，最终形成接近纯噪声的图像。该阶段的目标是模拟图像退化的路径，供后续重建时进行学习和反向还原。

（2）图像去噪阶段

在去噪过程中，通过扩散模型逐步恢复图像，同时注入目标风格图像的艺术特征，实现风格融合。在去噪训练过程中包括以下核心过程：

1）内容保留：锚定原图特征

在去噪过程中，通过对比噪声图与原图的深层特征，如建筑轮廓，确保生成图的结构不变。计算生成图与原图的内容损失，反向调整去噪方向，类似 CNN 风格迁移的内容约束。

2）风格融合：注入艺术特征

采用风格编码，提取目标风格图的纹理、色彩分布特征，如笔触、饱和度等。采用风格引导，在去噪每一步中，调整生成图的像素分布，使其匹配目标风格特征。计算生成图与风格图的风格损失，并通过梯度下降优化，类似画家反复调整笔触。

3）条件扩散模型

在去噪的每一步，模型同时接收以下输入：当前噪声图（正在重建的中间状态）、原图内容编码（如建筑轮廓）和风格编码（如笔触、颜色等），然后预测下一步的噪声，逐步生成兼具内容和风格的新图。

6.4 基于计算机视觉的运动动作分析

运动动作的数据分析一直是运动员提高运动成绩的宝贵财富。过去，教练团队依靠高速摄影机捕捉运动员的摆臂角度、起跳姿势，再逐帧对比修正动作。如今随着技术的不断进步，计算机视觉技术开始在体育领域崭露头角，为赛事分析带来了革命性的变化。3D运动捕捉系统将人体拆解成数百个动态坐标点，滑雪运动员腾空时关节的毫米级偏移、羽毛球扣杀时球拍振动的微妙频率，甚至足球守门员扑救前0.1秒的肌肉预激活状态，都被转化为可量化的数据。NBA球队勇士队曾通过分析库里投篮时食指末梢的压感数据，为其定制了调整腕部角度的训练方案，将三分篮命中率提升了2.3个百分点。

6.4.1 人体动作捕捉基本原理

动作捕捉简称动捕，是一项测量、跟踪人体关节运动轨迹进而记录人体动作的技术。其广泛应用于体育运动分析、影视动画制作、虚拟现实仿真、人机交互设计、医疗复健等领域。主流动作捕捉根据技术原理有惯性动捕与光学动捕两种解决方案。

惯性动捕依靠可穿戴惯性测量元件测量肢体运动的加速度、角速度与运动方向，进而还原运动员的运动动作。但惯性传感器对环境磁场要求较高，存在数据漂移的问题，且复杂的穿戴传感器限制了运动员的动作表现，与动作捕捉的技术初衷相悖。

传统的光学动捕技术如图 6.14 所示，需要结合标记点进行关节辅助定位，算法鲁棒性不强，容易因为遮挡而丢失关键信息，且同样对图像采集设备与场地有严苛要求。

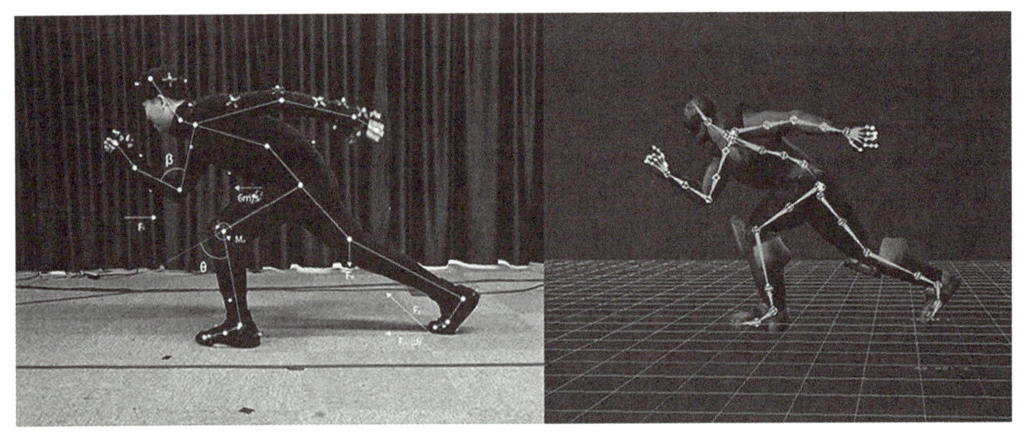

图 6.14　传统光学动捕技术示意图

随着深度学习的高速发展与硬件算力的不断提升，从图像恢复三维人体姿态的技术有了媲美传统依赖复杂传感器技术的精度与效果，为解决当前动捕技术问题提供了新的方向。三维人体姿态估计是视觉人体动捕的核心算法，算法目标是在三维空间中估计出人体关节点的位置。目前三维人体姿态估计的算法主要有三种，分别基于单目图像、多目图像以及深度图像实现，其中单目图像具有易于获取且不受采集场景限制的特性，应用前景广阔。

6.4.2 运动动作分析

借助计算机视觉图像处理和模式识别技术，利用动作捕捉、目标识别、目标跟踪等算法，计算机能够识别出图像中的特定对象，如运动员、场地、运动器械等，并对其进行跟踪、定位和分析。这种技术的应用，使得运动动作分析不再局限于传统的统计数据，而是能够深入到每一个动作的细节，可以对动作的准确性、合理性等进行分析判断。

计算机视觉技术还能够通过深度学习进一步优化其分析能力。通过大量的训练数据，计算机可以学习到运动员的动作模式，从而更准确地预测他们的行为。这种预测能力对于教练制定战术和运动员提高表现都具有重要意义。

图 6.15 展现了基于计算机视觉技术的运动动作分析和足球比赛分析。

图 6.15　基于计算机视觉技术的运动动作分析和足球比赛分析（AI生成图）

6.5 图像处理和计算机视觉的AI综合应用

6.5.1 AI绘画

AI绘画是用人工智能技术辅助人类创作图像的工具，像一位精通所有画风的“数字画家”，能将文字描述、简单草图甚至模糊想象变成精美画作，其核心功能包括文字生成图像、草图变精细图、创意扩展等，是自然语言处理、生成对抗网络、扩散模型、图像分割与合成等多种技术的综合应用。目前已有多种AI绘画工具，例如DeepSeek、豆包、Kimi、百度文心一言等，可以单个应用，也可以联合多个AI工具应用。

例如，以下示例是DeepSeek和豆包的联合应用，目标是生成未来城市的图像。

第一步：DeepSeek生成未来城市的文字描述。

发送提示信息“生成一个未来城市的简单描述”，DeepSeek回答如表6.1所示：

表6.1 DeepSeek生成未来城市的文字描述

提示词	请帮我生成一个未来城市的简单描述。
回答	未来城市：绿穹之城。 核心理念：科技与生态共生，人类与AI协作。 1. 城市结构 悬浮生态层：城市主体由半透明合金骨架支撑，建筑群悬浮于地面50米之上，下方保留原始森林与湿地。 光合幕墙：建筑外立面覆盖仿生材料，白天吸收二氧化碳并释放氧气，夜晚随温度变化泛起微光，形成“呼吸的城市皮肤”。 2. 能源系统 星环电站：城市上空环绕着环形太阳能卫星，通过微波向地面传输清洁能源，阴雨天自动切换为大气水分子发电模式。 动能回收网：道路与运动场馆的地砖内置压电晶体，将行人脚步、车辆震动转化为电能。 3. 交通网络 磁轨公交：水滴型车厢沿彩色光轨无声滑行，轨道颜色对应不同目的地（蓝轨通往学校，金轨连接商业区）。 个人飞行器驿站：市民可租用折叠式太阳能滑翔翼，AI导航自动规划鸟类迁徙路线。 4. 生态融合 垂直农场云塔：螺旋形玻璃塔楼内种植水稻与果蔬，无人机蜜蜂负责授粉，收获数据实时投影在塔身形成动态艺术画。 雨水交响系统：建筑排水管连接发声装置，降雨时全城奏响由AI根据雨量编曲的“自然音乐”。 5. 教育与文化 全息历史走廊：街道地面嵌入手势感应屏，踩踏不同区域可触发3D历史场景（如古代长安市集/22世纪火星基地）。

第二步：选取DeepSeek回答中最合适的描述作为提示词，输入豆包生成图像。

例如，选取“城市主体由半透明合金骨架支撑，建筑群悬浮于地面50米之上，下方保留原始森林与湿地”作为提示词，豆包生成如图6.16图像供挑选。

图 6.16 选取DeepSeek生成的一条描述输入豆包生成的图像

目前的AI绘画也存在一些技术挑战与伦理思考。在生成的画中会存在漏洞，例如手常出现6根手指（因训练数据中手部姿态多变），光影逻辑错误（如物体投影方向矛盾），图中的文字错误等。另外，因为训练数据可能包含未授权艺术作品，生成的画可能会存在版权争议。目前对于生成作品是否算“原创”，法律尚无明确定义。过度依赖AI可能导致人类绘画基本能力的退化。

6.5.2 运动会AI摄影师

运动会AI摄影师是一种基于人工智能技术的自动化拍摄系统，能像人类摄影师一样捕捉运动会的精彩瞬间。它通过摄像头、传感器和人工智能算法，实时追踪运动员动作，自动选择最佳构图、拍摄时机，甚至完成修图与剪辑，是“会思考的智能相机”。借助人工智能工具还可得到更多应用，例如生成配文、撰写新闻稿等。

假设现在需要拍摄一场男子 100 米短跑竞赛，采用人工智能工具，撰写拍摄脚本，对视频抓图配上趣味文字，比赛结束后生成一篇新闻稿。

第一步：DeepSeek 生成竞赛拍摄脚本（如表 6.2 所示）。

表 6.2　DeepSeek 生成竞赛拍摄脚本

提示词	**你是一名体育竞赛摄影师，今天你要拍摄一场男子 100 米短跑竞赛，夺冠呼声最高的是 11 号选手，视频中要有远景、中景和近景，要有 11 号选手特写，要有起跑、冲刺的镜头。视频风格紧凑、清晰。请生成一个拍摄的脚本。**
回答	**男子 100 米短跑竞赛拍摄脚本** **主题：**速度与爆发力的视觉叙事。 **核心目标：**突出 11 号选手的夺冠过程，强化戏剧性与临场感。 **设备建议：**全画幅单反 +70—200mm f/2.8 镜头（主视角）、高速摄像机（120fps 慢动作）、手持稳定器（动态跟拍）。 1. **赛前氛围铺垫（时长：15 秒）** • 远景（广角镜头，低机位） 俯拍整个跑道，展现选手热身、调整起跑器的动态，背景保留观众席虚化的人潮。 • 重点 11 号选手在画面中央系鞋带，抬头望向终点的眼神特写（镜头快速推近）。 • 环境声 发令员试音、观众逐渐安静的嘈杂声渐弱。 2. **起跑爆发阶段（时长：5 秒）** • 近景（长焦镜头，贴地仰角） 聚焦 11 号选手的起跑器，捕捉脚部肌肉紧绷、手指撑地的细节。 关键帧：发令枪响瞬间，扬起的手臂与飞溅的橡胶颗粒（高速慢动作）。 • 中景（轨道横向移动） 8 条跑道选手集体起跑的动态，11 号选手凭借前 10 米爆发力领先。 剪辑技巧：从近景枪响切到中景群体冲刺，强化速度对比。 3. **途中跑竞争焦点（时长：8 秒）** • 动态跟拍（手持稳定器，同步选手速度） 侧面平行跟拍 11 号选手，突出摆臂幅度与面部咬牙特写，背景其他选手虚化。 光影设计：利用逆光勾勒汗珠飞溅与运动服褶皱的质感。 • 俯视远景（无人机高空镜头） 50 米处群体位置对比，11 号保持领先优势，强化赛道红白线延伸感。 4. **终点冲刺高潮（时长：4 秒）** • 近景特写（长焦锁定胸部以上） 11 号选手最后 5 米脖颈青筋暴起、冲刺嘶吼的表情，终点线彩带进入画面前景。

续 表

<table>
<tr><td>回答</td><td>● 慢动作分解（高速摄像机）
冲线瞬间胸口触带的物理变形、计时器跳至 9.87 秒（预设夺冠成绩）。
升格处理：彩带飘落时 11 号振臂庆祝的 0.5 秒慢放（强化胜利情绪）。
5. 赛后情绪收束（时长：8 秒）
● 中景（仰角逆光）
11 号被队友包围，手指向天空的剪影，观众席上的闪光灯连成星海。
● 细节呼应：
回放起跑时撑地的手与现在高举的手部对比（分屏剪辑）。
● 收尾镜头：
11 号走向采访区时回头望赛道的背影，渐变为计时器特写。</td></tr>
</table>

假设从竞赛视频中抓出一张图，图像如图 6.17 所示，为该照片生成趣味配文。

第二步：使用Kimi为照片生成趣味配文。

图 6.17 运动会短跑照片（AI 生图）

Kimi：把该图像输入Kimi，输入提示词“为该照片生成趣味配文”（如表 6.3 所示）。

表 6.3　使用 Kimi 为照片生成趣味配文

提示词	为该照片生成趣味配文。
回答	速度版：赛道秒变“秋名山”！11 号选手直接把油门踩死，这速度是想让风都喊“投降”？ 趣味竞争版：别人跑步费体力，11 号跑步费“对手”！这冲刺姿势，确定没偷偷给鞋子装加速“外挂”？ 拟人互动版：风在前面喊“别追啦”，11 号选手：“不行！必须赢！”这波较量，显然速度才是硬道理。

第三步：使用豆包为照片生成新闻稿。

豆包：把该图像输入，输入提示词“为该照片生成一个校园广播站的新闻稿”（如表 6.4 所示）。

表 6.4 所　使用豆包为照片生成新闻稿

提示词	为该照片生成一个校园广播站的新闻稿。
回答	亲爱的老师、同学们： 大家好！这里是校园广播站。近日，我校田径赛场上演了一场热血沸腾的速度对决！发令枪一响，运动员们如离弦之箭冲了出去，其中身着 11 号参赛服的选手格外引人注目，他步伐有力，双臂摆动间尽显拼搏之态，在一众竞争者中奋力领跑，仿佛与风并肩。 赛场上，每一位选手都在用汗水诠释坚持，用脚步书写对运动的热爱。他们飞驰的身影，不仅是对自我极限的挑战，更展现了“更快、更高、更强”的体育精神。无论最终成绩如何，这份勇往直前的劲头，都值得我们鼓掌喝彩！ 希望同学们能将这份赛场激情融入日常学习生活，像赛场上的运动健儿一样，勇敢追梦，无畏挑战！本次赛事报道就到这里，感谢收听，我们下次再见！

6.5.3 古诗配图创作

古诗配图创作是利用人工智能技术，将古诗的意境、场景和情感转化为视觉图像的创作过程。它像一位“通晓诗画的语言翻译官”，将抽象的文字转化为可感知的画面，帮助人们更直观地理解诗意。其中将用到如下关键技术。

（1）古诗理解技术

1）自然语言处理

分词解析：例如识别“孤舟蓑笠翁”中的主体（老翁）、道具（蓑衣）、环境（孤舟、雪）。

情感分析：例如判断《登高》的“悲秋”情绪，对应萧瑟秋景配色（枯黄、深褐）。

2）知识图谱

关联历史典故，例如“折柳”代表送别，确保画面符号准确。

（2）图像生成技术

1）文生图模型

如稳定扩散模型（Stable Diffusion），可根据自然语言处理对输入诗句的理解，输出符合语境的图像。

2）风格控制

通过CLIP模型匹配诗歌年代与画风，如宋词配宋代院体画风格。

3）细节修正

局部重绘修正错误，如将模型误生成的“唐代服饰”改为正确朝代款式。

以下例子采用豆包模型根据古诗生成画作。提示词为：请生成一幅画，反映“孤舟蓑笠翁，独钓寒江雪”的古诗意境，结果如图 6.18。

图 6.18　古诗配图创作示例

思考题

1.用手机微距模式拍摄一张树叶照片，在电脑上放大到像素级别，描述你看到的像素排列规律。

2.选择一张逆光人像照片，使用手机编辑功能：尝试用“阴影提亮”和“高光降低”功能改善人脸可见度。

3.选择一张自己拍摄的照片，尝试把背景中多余的人物或景物进行移除。

4.尝试使用豆包等工具，把你自己拍摄的一幅风景照变为梵高的《星空》的风格。

5.尝试使用豆包等工具，把你自己拍摄的一幅风景照变为中国古代水墨画的风格。

6.找一幅线条画，尝试用工具生成真实照片。

7.用AI工具写一个穿越短剧剧本，并生成一些场景图。

8.继续在互联网上学习人体动作捕捉的基础知识，思考可以用于哪些体育比赛的分析。

9.尝试用AI工具生成“飞流直下三千尺,疑是银河落九天”意境的短视频。

7 人工智能生成内容

当今数字化时代，人工智能生成内容（Artificial Intelligence Generated Content，AIGC）正在改变我们创作内容的方式。AIGC通过多模态技术，将文字、图像、音频、视频等多种模态的信息进行融合与生成，为艺术创作、设计、影视制作等领域带来了全新的可能性。本章将围绕人工智能生成内容的核心技术展开，探索文字、图像、声音等多模态信息之间的关系，重点介绍扩散模型、多模态大模型等前沿技术。本章还探讨语音到文本和文本到语音等技术，这些技术在智能助手、会议记录、语言学习等领域有着广泛的应用。

7.1 人工智能生成内容概述

在人工智能快速发展的时代，多模态大模型异军突起，成为推动技术变革的重要力量。以多模态大模型为基础的人工智能生成内容已经成为近年来的热门研究方向。多模态大模型能够同时处理多种模态的数据，例如将文字描述转化为图像（文生图），或将图像内容转化为文字描述（图生文）。多模态大模型的关键，就是把不同类型的信息，比如文字、图片、声音，放在一起，让它们能够互相配合。文字和图片就是两种很常见的信息类型，但它们的样子很不一样，文字是一串串的符号，而图片是由很多小点（像素）组成的。多模态大模型就像是一个“翻译官”，它用一些人工智能技术，比如Transformer架构、注意力机制等，把文字和图片这些不同的信息翻译到同一个“语义空间”里，这样就能让模型理解它们的意思，同时处理多种模态的数据，还能把一种信息转换成另一种信息。

7.1.1 什么是多模态

我们在日常生活中获取信息时，往往会同时使用多种感官。例如，在课堂上学习时，我们不仅会用眼睛看黑板上的内容，还会用耳朵听老师讲解，甚至还会记笔记，将信息转换成文字以便复习。相比之下，如果只用听觉或者只用视觉来获取信息，我们可能会遗漏许多重要的信息。这种多感官协同工作的方式，使我们对世界的认知更加全面。

图 7.1　品茶（AI生成图）

比如嗅觉和味觉的结合：我们在品茶时，嗅觉和味觉共同作用，让我们不仅能尝到茶汤的甘醇，还能闻到茶叶的清香。如图 7.1 品茶所示，当啜饮一杯龙井茶时，舌尖的鲜爽感与鼻腔中萦绕的香气交织，这种融合让茶的风味层次更加丰富，甚至能辨别出茶叶的产地和工艺。

图 7.2　手握奶茶（AI生成图）

再比如说触觉和温觉的结合：我们用手去触摸物体的时候，不仅能感受到它的形状和质地，还能感受到它的温度。如图 7.2 所示，当我们在寒冬握住一杯奶茶时，手掌不仅能感受到杯子的玻璃质感，还能通过温度感知饮品的滚烫程度。这种触觉与温觉的结合，让我们自然地在冬天握紧杯子取暖。

图 7.3　攀岩（AI生成图）

视觉和触觉的结合：攀岩运动中，视觉与触觉的协作至关重要。如图 7.3 所示，攀岩者需用眼睛精准锁定岩壁上的抓握点（如凸起的岩石缝隙），同时通过指尖触觉感受岩石的粗糙度与摩擦力，从而判断如何调整握力与身体重心。若仅依赖视觉而忽略触觉，可能导致打滑或误判支撑点。

图 7.4　盲人探路（AI生成图）

听觉和触觉的结合：盲人使用盲杖探路时，听觉与触觉形成高效协作。如图 7.4 所示，盲人使用盲杖敲击地面得到触觉反馈（如水泥地的坚硬感、草坪的柔软感），结合脚步声的回响（空旷走廊的脚步声与狭窄通道的回声差异），帮助他们构建空间地图，以便他们更好地行走。

通过对上面例子的理解，我们可以得到一个结论：日常生活中视觉和听觉的融合相比于仅仅使用视觉更能使我们更有效地获取知识。除了视觉和听觉结合以外，我们还有其他的感官，这些不同的感官可以理解为不同的模态。多种感官和模态的融合可以使我们更好地感知周围的环境，获取有效信息，并做出响应。

人工智能的发展同样遵循了类似的路径。最早的人工智能只能处理单一类型的数据，比如只能识别文字、只能分析图片，或者只能理解语音。但现实世界中的信息往往是多模态的，图像、声音、文字、视频等数据是共同存在的。因此，研究人员希望让人工智能具备“多感官”的能力，也就是多模态能力，使其能够像人类一样综合处理不同类型的信息。

这些通过不同感官接收的信息形态，在人工智能领域被称为“模态”，如图 7.5 所示。简单来说，多模态就是指同时涉及两种或两种以上不同类型的数据模式，这些数据类型包括文本、图像、音频、视频以及各类传感器信号等。

图 7.5 人类多模态感知与多模态信息对比

每种模态的数据都具有独特且有价值的信息。例如，图像模态能直观地展现物体的外观、形状和空间布局等视觉特征。当我们看到一幅壮丽的山水画卷时，山脉的起伏、水流的蜿蜒、色彩的层次，都能通过视觉直接传递给我们。而文本模态则擅长精确传达语义信息，文本能够用文字细致入微地阐述画作的艺术风格、历史背景、创作意图等描述。当我们将图像与文本这两种模态结合时，就能实现更强大的功能。如图 7.6 所示，在艺术鉴赏中，结合画作与相关文字介绍，能更深入理解画家的创作理念。

这幅图是一幅典型的中国宋代风格的山水画，采用了传统的水墨画技法。画面展现了广阔的自然景观，包括起伏的山峦、宁静的水面以及江上的船只。画中还有一座楼阁，位于山石之间，显得格外雅致。

图 7.6　图像与文本相结合的艺术案例

语音模态则通过声音的韵律、语调变化和情感表达传递信息，当我们聆听山水画的有声讲解时，讲解者抑扬顿挫的声线既能解析技法细节，又能通过语气中的赞叹传递艺术感染力，甚至配合背景的古琴声营造出空灵意境。音频与文本模态的结合也非常有用。语音是人类交流的重要方式，语音识别技术将音频中的语音信息转化为文本，这一过程实现了从声音到文字的模态转换。想象一下，在一场体育赛事解说中，语音实时转化为文字，方便观众在无法收听声音的情况下，依然能获取赛事信息。同时，语音合成技术则是反向操作，将文本转化为语音，为视障人士提供有声读物，拓宽他们获取知识的途径。

总之多模态就是通过结合多种不同类型的信息（如文字、图片、声音等），让机器能够更全面、更智能地理解和处理问题。就像人类通过多种感官感知世界一样，多模态技术让人工智能也具备了这种能力。这种技术在艺术创作、体育分析、智能助手等领域有着广泛的应用，为我们的生活和工作带来了更多的便利和创新。

7.1.2 多模态大模型的发展历程

多模态大模型的发展是人工智能领域一场层层递进的认知革命。早期的人工智能仅能处理单一模态信息（如文字或图片），如同画家虽能描述画作却无法理解音乐，这种割裂的“单模态”能力严重限制了跨领域认知。2019 年，OpenAI 的 CLIP 模型打破僵局，通过图文匹配技术（如输入“日落海滩”检索对应图片）首次实现跨模态关联，但尚未触及语义深层理解。此后，技术迭代加速：2020 年 Google 推出 Flamingo，通过上下文推理能力分析图像中的动态场景（如预测体育比赛进程），2021 年 Meta 的 MMF 模型进一步融合视频、图像与文本，实现篮球比赛画面与解说的协同解析，推动多模态交互进入立体化阶段。

技术的突破不仅体现为功能扩展，更在于效率与创造力的跃迁。2022 年微软的 BEiT-3 通过高效计算架构，实现对未完成画作细节的智能预测，揭示数据关联性的深度挖掘潜力。2023 年 OpenAI 的 GPT-4V 则标志着质变——它不仅能解析漫画的画面与情节，还能生成对白或续写故事，使多模态模型从“信息理解”跨越到“内容创造”。这一演进脉络清晰展现人工智能从单一感知到融合认知、从被动解析到主动创造的进化轨迹，逐步逼近人类多维度的智能形态（如图 7.7 所示）。

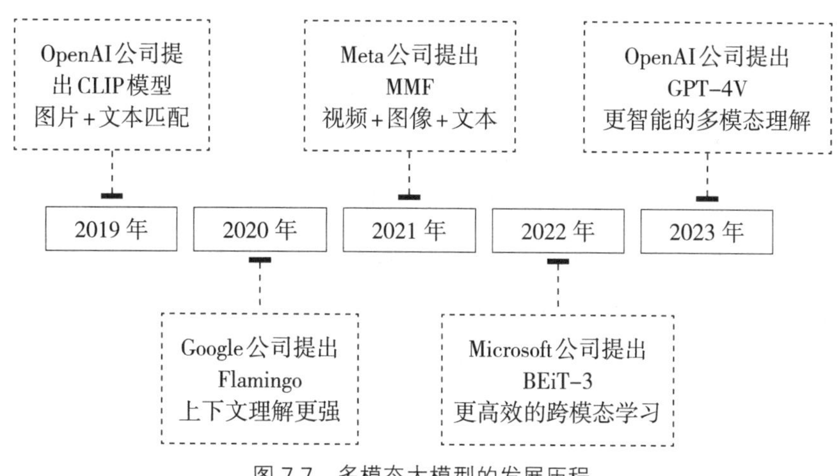

图 7.7 多模态大模型的发展历程

总之，多模态大模型的发展，让人工智能变得更聪明、更全面，不再只是单纯地处理一种信息，而是能够像人一样，理解世界的多种表达方式，让艺术和体育的学习、创作变得更加高效和有趣。未来，多模态大模型将变得更加高效、更具泛化能力，最终形成“通用多模态智能体”，在各种任务中展现更接近人类的认知能力。

7.1.3 AIGC 的理论基础

图像等视觉内容生成是人工智能生成内容的重点和难点，早期的视觉内容生成主要依赖于生成对抗网络（Generative Adversarial Networks, GAN）等传统模型。GAN通过“生成器”与“判别器”的对抗训练实现内容生成：生成器负责创造内容，判别器则负责判断生成内容是否真实。这一技术在图像合成、视频生成等领域曾取得突破，但其局限性也显而易见。例如，GAN的训练过程极不稳定，容易出现“模式崩溃”，即生成内容缺乏多样性，反复输出相似结果；此外，GAN生成的内容细节粗糙，难以满足高精度需求，如艺术创作中的细腻笔触或体育动作的精准捕捉。

2020年，扩散模型（Diffusion Model）的诞生标志着人工智能生成内容技术的重大变革。与GAN的对抗逻辑不同，扩散模型模拟自然界中的扩散现象（如墨水在水中逐渐散开），通过“破坏-重建”的渐进式流程生成内容。它的原理有点像我们在一张完全混乱的画布上，一点一点地“清理”掉混乱的部分，直到画布上出现一幅清晰的图像。具体来说，扩散模型会从一片“混乱的噪声”开始，然后通过一步步地调整，把这些噪声变成我们想要的内容，比如一幅画、一段音频，甚至是一段视频。这个过程就像从一团混沌中慢慢“雕刻”出一个清晰的形状。其核心思想是将数据逐步添加噪声直至完全模糊（正向扩散），再通过神经网络逆向还原出清晰内容（逆向生成）。这一过程不仅生成质量更高，还具备更好的稳定性和可控性，成为当前图像、音频、视频等多模态内容生成的主流技术。

扩散模型的灵感源于物理学中的扩散现象。例如，若将一幅画作比作一杯清水，正向扩散过程如同向水中滴入墨水，使画面逐渐模糊为随机噪声；逆向生成则像是通过智能“过滤”将墨水重新分离，恢复出原始画作。这一过程通过两个阶段实现，如图7.8所示。

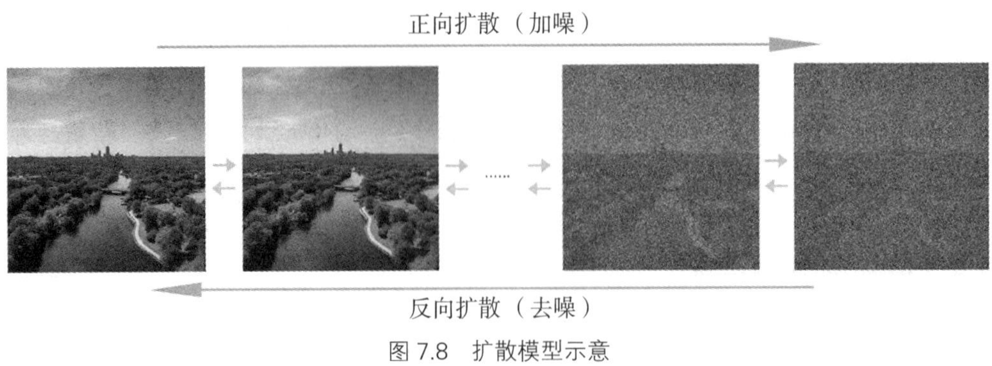

正向扩散（加噪）

……

反向扩散（去噪）

图7.8 扩散模型示意

● 正向扩散：模型对原始数据（如图像、文本）逐步添加噪声，每一步都让数据更接近随机状态。例如，一张清晰的城市夜景照片，经过数百次噪声叠加后，会退化为完全无意义的像素点组合。这一阶段的本质是让数据“忘记”自身结构，为后续生成提供随机起点。

● 反向生成：模型从噪声出发，通过深度学习预测每一步应去除的噪声模式，逐步恢复出符合预期的内容。

与生成对抗网络相比，扩散模型的优势在于：

● 生成质量更细腻：通过逐步去噪，模型能捕捉到毛发纹理、光影渐变等微观细节，适合艺术创作中的高精度需求。

● 多样性更强：同一组噪声输入可通过调整参数生成风格迥异的结果（如写实与抽象画风），激发创意可能性。

● 跨模态融合：扩散模型能同时处理文本、图像、动作数据，例如根据体育动作描述生成3D运动轨迹动画。

在扩散模型出现之后，许多研究人员致力于对扩散模型进行各种各样的优化，例如，稳定扩散模型（Stable Diffusion）将生成过程压缩至“潜在空间”（Latent Space），即一种高维数据抽象层。艺术家无需直接处理数百万像素的图片，而是通过调整潜在空间中的向量参数，快速生成不同风格的作品。

7.2 多模态大模型的原理

随着人工智能的发展，机器不仅需要理解单一模态的信息（如仅仅处理文本或图像），还需要跨越不同的信息来源，实现更自然的人机交互。例如，我们在观看体育赛事时，不仅依赖画面，还依赖解说员的声音来理解比赛进程；医生在诊断疾病时，不仅要查看CT影像，还要结合病人的病历文本信息来做判断。这种对多种模态的融合处理，便是多模态大模型的核心原理。

多模态大模型的关键在于如何处理和整合来自不同来源的信息，使其在一个共同的语义空间中进行计算、理解和生成。为了达到这一目标，主要涉及多模态语义对齐和多模态内容转换两大核心技术。

7.2.1 多模态语义对齐

多模态语义对齐指的是让不同模态（如图像、文本、语音、视频等）的数据在同一语义空间中进行匹配和计算。换句话说，人工智能需要学会理解“同一事物在不同模态下的表现方式”，并在这些模态之间建立联系。例如，当我们听到海浪的声音时，脑海中可能会浮现出大海的画面；当看到一张夕阳下的海滩照片时，我们可以用文字描述它的景色；当阅读一段关于猫在窗台上晒太阳的文字时，我们能够想象出对应的画面。这种跨模态的对应关系就是语义对齐的核心。

可以用小朋友学习看图识字的过程来类比人工智能是如何进行多模态语义对齐的。如图 7.9 所示，假设有四张画着动物的卡片和四张写着动物名字的卡片，家长希望教孩子认识这些动物的名字。他们的做法是：首先拿出写有“猫”的卡片，同时展示猫的图片，并告诉孩子：“这是一只猫。”然后再展示狗的图片，问孩子：“这也是猫吗？”孩子回答：“不是。”接着继续展示兔子、羊等动物的图片，重复这一过程。通过不断地对比和匹配，孩子学会了如何正确地将图片和文字对应起来，同时也学会了区分哪些匹配是错误的。人工智能的多模态语义对齐过程与这个小朋友学习看图识字的过程类似，主要依赖对比学习（Contrastive Learning）方法，即让人工智能学习正确的匹配，同时学会排除错误的匹配。

图 7.9　学习看图识字的过程

为了让人工智能具备这一能力，研究人员通常会从互联网上收集大量的图像-文本对，如一张“蓝天白云”的图片和它的文字描述。接着，他们使用神经网络搭建文本编码器和图像编码器，将文本和图像转换为计算机可理解的特征数据，并利用对比学习的策略来训练模型。具体来说，人工智能需要学习让匹配的文本和图像特征更接近，比如“蓝天白云”描述和“蓝天白云”图片的特征在数学空间中的距离较近，而让不匹配的文本和图像特征更远离，比如“蓝天白云”描述和“一只猫的照片”之间的距离要更远。经过这样的训练后，人工智能就能够学会自动对齐不同模态的信息。例如，输入“日落海滩”，人工智能便可以从数据库中找出最符合描述的图片。

在训练过程中，文本和图像分别经过各自的编码器进行特征提取。文本编码器将文本转换为一个高维向量，而图像编码器则将图像转换为对应的视觉特征向量。然后，通过计算两个向量的相似度（如余弦相似度），来衡量它们在语义上的匹配程度。模型会通过优化损失函数，使得真实的图像–文本对在向量空间中靠近，而随机配对的无关样本则被推远。

如图 7.10 所示，对比学习的流程一般包括三个主要步骤。首先，通过对比预训练，让文本编码器和图像编码器分别学习到相应模态的特征，并且在共享的嵌入空间中进行匹配。其次，为图像创建文本描述，使得机器可以通过文本更好地理解图像的内容，例如，给一张小猫的图片匹配“小猫”这一文本标签。最后，在推理阶段，利用已经学习到的对齐关系，可以实现零样本预测，即使没有见过某些特定的图片，模型也可以根据已有的对齐特征进行识别。

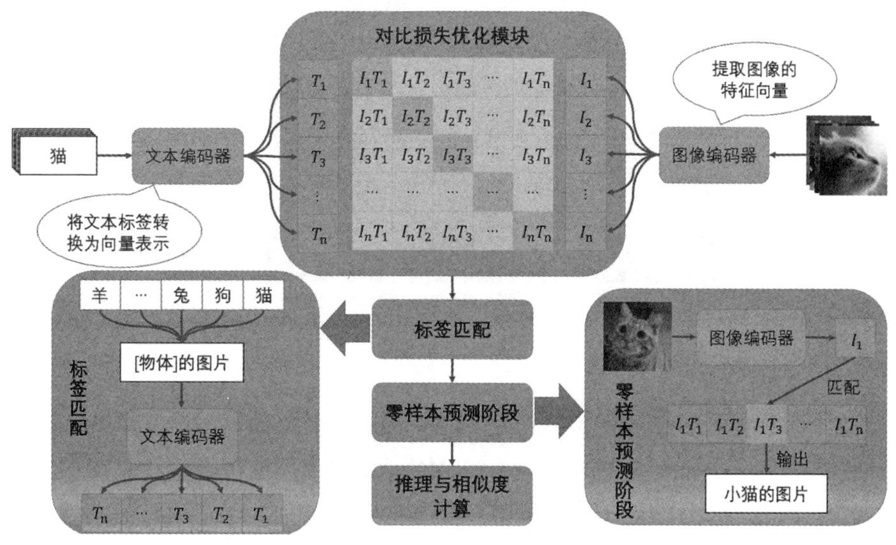

图 7.10 对比学习的流程

通过多模态语义对齐，机器可以更准确地理解和关联不同模态的信息，为后续的多模态内容生成和推理奠定基础。这种技术广泛应用于图像描述生成、跨模态检索、智能问答等任务中，使得人工智能在复杂环境下能够处理和推理多源数据。

7.2.2 多模态内容转换

多模态内容转换是指不同模态之间的信息相互转换，这是人工智能生成内容的核心功能，如从图像生成文本、从文本生成图像、从文本生成语音以及将语音转成文本。这一技术在自动字幕生成、AI绘画、语音助手等多个领域得到了广泛应用。

（1）从图像到文本

图像到文本的转换，是指让计算机能够像人一样“看懂”图片，并用自然语言进行描述。这项技术的核心在于让机器不仅能“看到”图像中的物体，还能理解它们的关系，并用语言表达出来。人工智能生成内容技术通过多模态大模型，结合图像识别和自然语言处理，实现了从图像到文本的智能转换。如图 7.11 所示，用一张熊猫的照片问KIMI，图片里的小动物在干什么。KIMI不仅能分辨出来图片中的是什么动物，还能分辨出来它们的动作行为。那它是怎么做到的呢？

图 7.11　用图片提问KIMI

整个过程可以分为两个主要阶段：图像特征提取和文本生成。

第一步：图像特征提取。

计算机并不像人类一样直接看到图像，而是将其存储为一系列数字矩阵，矩阵中的每个元素都称为像素。例如，一张彩色图片可以表示为红（R）、绿（G）、蓝（B）三层的像素点集合。每个像素点对应RGB三个颜色数值，如图 7.12 所示。

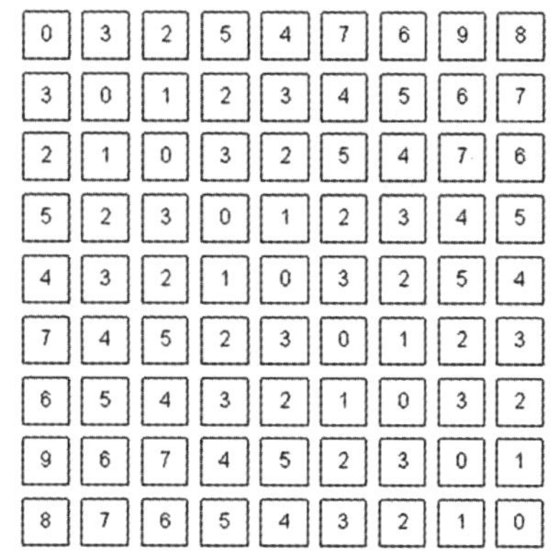

图 7.12　图片的数学表示

为了让计算机理解这些数据，我们需要用卷积神经网络来提取有意义的视觉特征，构成特征向量。它包含了丰富的图像信息，可以理解为是对图像的信息浓缩，就像我们用一句话可以表达一整张图像一样，这句话也是对图像的信息浓缩，如图 7.13 所示。

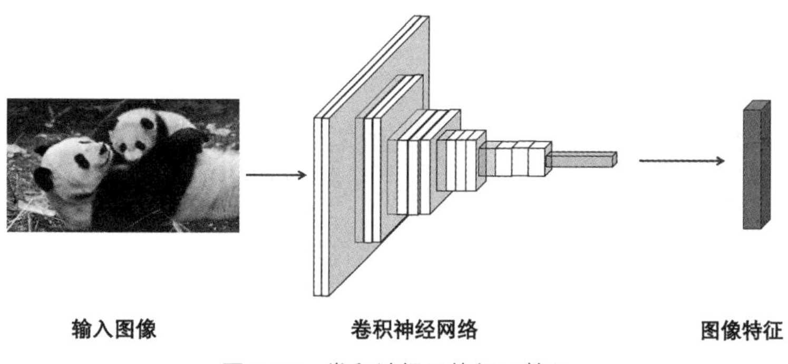

图 7.13　卷积神经网络提取特征

第二步，文本生成。

有了图像特征后，接下来的任务就是把这些信息转化成自然语言的描述。这个过程如图 7.14 所示，这类似于我们在看图说话时，先观察图片中的内容，再组织语言进行表达。为了让计算机完成这一步，我们通常使用语言生成模型来实现文本生成，语言生成模型有循环神经网络或Transformer模型。

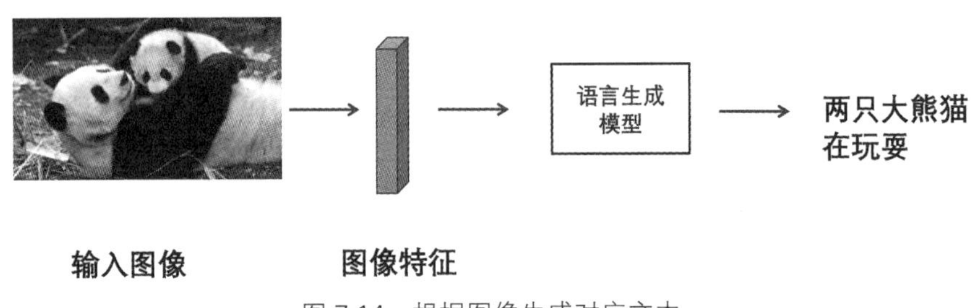

图 7.14　根据图像生成对应文本

文本生成的基本流程如下：

输入图像特征：CNN提取出的视觉特征作为输入，提供关于图片内容的信息。

生成开头单词：模型先预测图片描述的第一个单词，比如“这”或“一个”。

逐步扩展句子：在已有单词的基础上，预测下一个单词，比如“这是两只猫”。

不断优化描述：模型不断迭代，生成完整的句子，如“两只大熊猫在玩耍”。

总的来说，图像到文本转换技术让计算机具备了“看”和“说”的能力，使得人与机器之间的交流更加自然。随着深度学习和多模态技术的发展，未来这一技术还将在教育、医疗、娱乐等多个领域发挥更大的作用。

（2）从文本到图像

文本到图像的转换，是让计算机根据一段文字描述，自动生成一张符合描述的图片，这正是AI绘画的核心。通过多模态大模型，人工智能能够将文字描述转化为图像。如图 7.15 所示，输入“一只大熊猫在竹林里吃竹子”，人工智能就能生成一幅符合描述的图像，而扩散模型在这一过程中扮演着关键角色。

图 7.15 人工智能根据文本生成图像（豆包生成）

其中文本转图像的整个转换过程可以分为文本解析和图像生成两个主要阶段。

第一步：文本解析（分词处理）。

如图 7.16 所示，AI 要想画出符合文字描述的图像，首先得“理解”文字的含义。它会对输入的文本进行分词处理。比如“一只橘色的猫躺在草地上”这句话，会被拆分成“一只”“橘色的”“猫”“躺在”“草地”“上”等词。之后，利用文本编码器将每个词都转化为词向量。词向量是一种特殊的数字表示形式，包含了词语的语义、语法等丰富信息，就像是人工智能理解文本的“密码”。这些词向量组合在一起，形成了人工智能对输入文本的独特理解，为后续的图像生成提供关键依据。

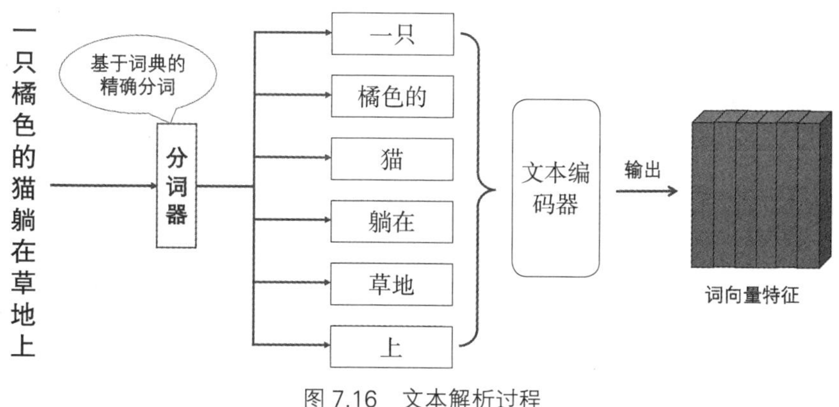

图 7.16 文本解析过程

第二步：图像生成（AI画画）。

获取文本特征后，AI开始“画画”。这一过程中，文本到图像的注意力机制至关重要。如图7.17所示，我们在观察一幅图像时，眼睛会不自觉地聚焦在重要元素上。同样，AI在生成图像时，会根据每个词向量所代表的信息，确定图像中各个元素的位置、形状、颜色等特征。比如在“猫”和“草地”这两个词对应的元素处理上，AI会将猫作为视觉中心，精心绘制其形态动作，合理安排草地、阳光等元素，让整幅图像与输入的文字描述紧密契合，展现出一幅生动的画面。

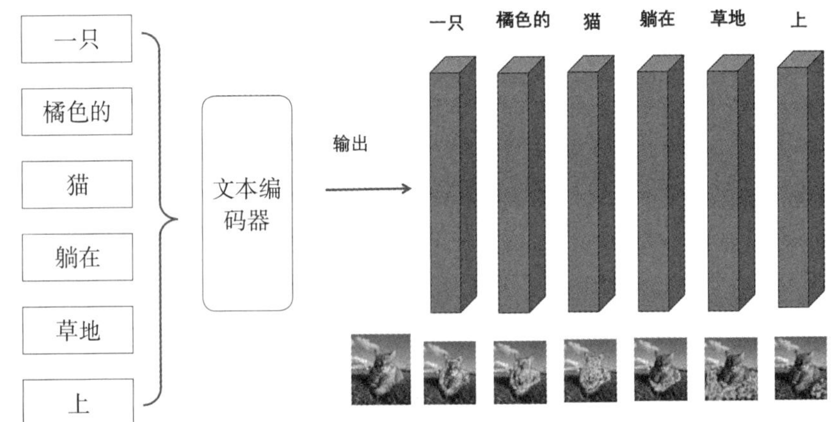

图7.17　人工智能解析图像和注意力机制示意

在这个过程中，扩散模型发挥了重要作用。扩散模型会根据文本描述中的关键词，比如“橘色的猫”“草地”“躺着”，逐步生成符合这些描述的图像细节。比如说例子当中的“一只橘色的猫躺在草地上”，扩散模型会从随机噪声开始，先生成一个大致的轮廓，比如一个模糊的猫形状。然后，它会逐步添加细节，比如猫的橘色毛发、草地的绿色、猫的姿势等，直到生成一幅完整的橘色的猫躺在草地上的图像。

这种技术不仅让人工智能具备了“读”和“画”的能力，还使得艺术创作变得更加高效和有趣。艺术家可以输入“一只橘色的猫在阳光下打盹”，人工智能便能生成一幅生动的橘色的猫在阳光下打盹的画作。通过这些技术，AIGC和扩散模型为艺术创作、游戏设计、广告制作等领域带来了新的可能性。

（3）从语音到文本

语音到文本的转换，是计算机通过识别语音中的内容并输出的文字的形式。语音到文字的转换依靠的是语音识别技术，语音识别技术的应用十分广泛，相信大家对微信的语音转文字功能都不陌生。当我们在忙碌时，不方便打字，只需长按语音按钮说话，松开后，文字就自动出现在聊天框里，大大提高了沟通效率。

语音识别看似神奇，它到底是如何让计算机“听懂”我们说话的呢？下面以“我爱学习”这个词为例，为大家揭开其中的奥秘。整个过程可以分为三步。

第一步：模拟信号的采集。

如图 7.18 所示，当我们说出“我爱学习”时，声音首先会被麦克风捕捉，把我们的语音转化为相应的模拟信号。模拟信号就像一条连续不断的曲线，它记录了声音的高低、强弱等变化。计算机只能处理数字信号，所以模拟信号需要经过一个重要的“桥梁”——模数转换器，把它变成计算机能读懂的数字信号。这个过程就像是把模拟信号这条“曲线”变成了一串数字代码，让计算机能够识别和处理。

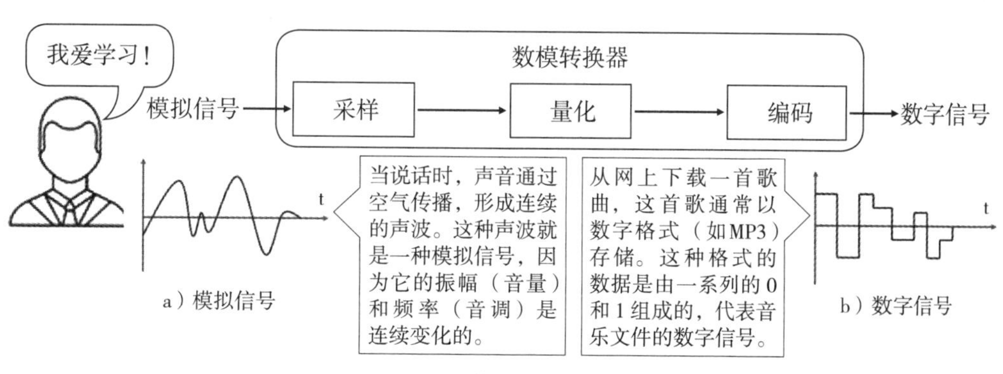

图 7.18　模拟信号的采集

第二步：特征提取。

仅仅有数字信号还不够，还需要从这些信号中提取关键信息，这就是特征提取环节，如图 7.19 所示，就像从一堆杂乱的物品中找出最重要的东西一样。这个过程会把离散的数字信号转换为一个特征矩阵。这个矩阵包含了语音信号中的很多重要信息，比如频率（声音的高低）、能量（声音的强弱）以及时间特征等。这些信息就像是语音的“指纹”，是识别语音内容的关键。

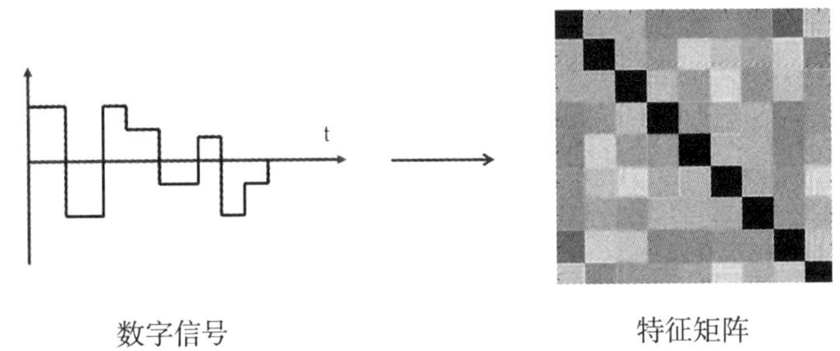

图 7.19　数字信号特征提取

第三步：模型处理与识别。

得到特征矩阵后，就要借助专门的语音识别模型来处理了。这个模型就像是一个聪明的“翻译官”，它会对特征矩阵进行解码。模型通过对大量语音数据的学习，积累了丰富的经验，能够根据特征矩阵中的信息，推测出与之对应的文字内容。经过模型的处理，最终就成功地把“我爱学习”的语音转换为对应的文字了，如图 7.20 所示。

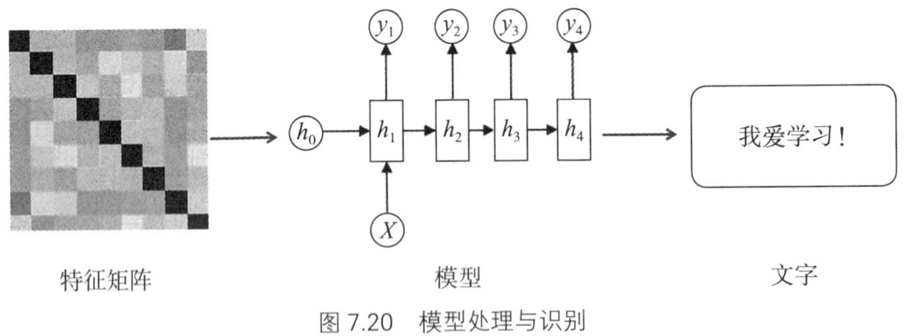

图 7.20　模型处理与识别

（4）文本到语音

在了解了语音到文字的转换后，让我们看看它的“逆过程”——文本到语音的转换，这项技术也被称为语音合成技术。它在生活中的应用同样广泛，为我们的生活带来了许多便利和乐趣。

在影视、动画、游戏等领域，模拟配音有着至关重要的作用。以前，为角色配音需要专业配音演员花费大量时间和精力进行录制。现在，借助从文本到语音的技术，创作者只需输入角色的台词文本，就能快速得到不同风格、不同音色的配音。比如在一些动画制作中，想要为一个可爱的卡通角色配上甜美的声音，或者为一个邪恶的反派角色配上低沉、沙哑的嗓音，通过语音合成技术都能轻松实现。这不仅大大提高了制作效率，还为创作者提供了更多的创意选择。

语音合成技术能让文字“开口说话”，背后有着一套复杂而精妙的流程。下面以“我爱学习”这句话为例，为大家详细讲解。语音合成技术主要分成三步。

第一步：文本分析。

文本分词：计算机要先把“我爱学习”这个句子进行分词处理，分成“我”“爱”“学习”这几个独立的词，这样计算机就能更清晰地理解每个部分的含义。

字形转音素：每个汉字都有对应的读音，这一步就是把文字的字形转换为读音信息。对于“我爱学习”，要确定“我（wǒ）”“爱（ài）”“学习（xué xí）”的正确发音。

词性分析：分析每个词的词性，“我”是代词，“爱”是动词，“学习”是名词。词性分析有助于计算机更好地理解句子的结构和语义，从而在合成语音时把握合适的语调。

韵律预测：这一步决定了语音的节奏、语调、停顿等韵律特征。“我爱学习”这句话，在正常表达时，“我”和“爱”之间停顿较短，“爱”和“学习”之间停顿稍长，并且语调会有一定的起伏，表达出情感。通过韵律预测，计算机可以模拟出自然的说话节奏，整个过程如图 7.21 所示。

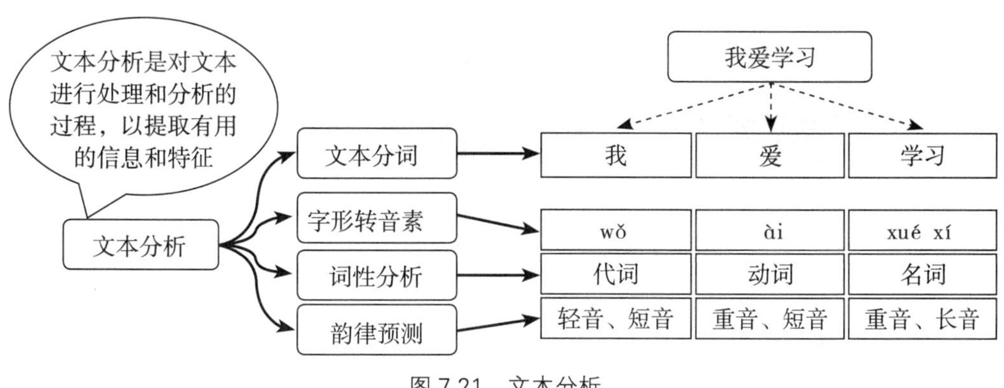

图 7.21　文本分析

第二步：声学模型处理。

完成文本分析后，计算机把得到的文本特征交给声学模型。声学模型就像是一个“声音设计师”，它会根据这些文本特征，生成相应的声学特征，包括声音的能量（声音的大小）、频率（声音的高低）等信息，如图 7.22 所示。

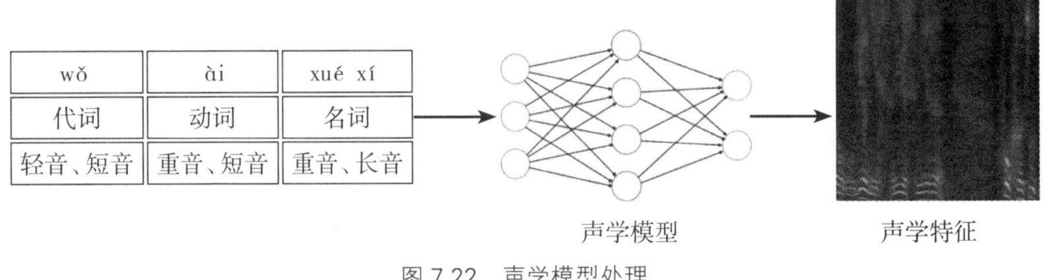

图 7.22 声学模型处理

第三步：声码器转换。

有了声学特征后，就要靠声码器来发挥关键作用了。声码器把声学特征转化为实际的语音信号波形。这些波形代表了声音的振动形式，不同的波形对应着不同的声音。对于“我爱学习”的每个字，声码器都会生成独特的波形。最后，设备（比如手机、电脑的扬声器）接收这些语音信号波形，并将其转换为我们能够听到的声音。这样，我们就能清晰地听到“我爱学习”这句话了，如图 7.23 所示。

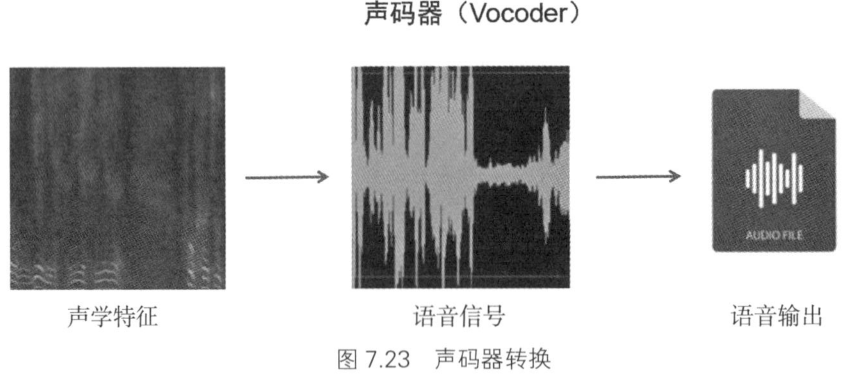

图 7.23 声码器转换

7.3 人工智能生成内容的应用

7.3.1 视频生成：从静态到动态的跨越

视频生成是多模态大模型技术的重要延伸，它突破了单帧图像的局限性，通过时间维度的延展实现动态场景的构建。根据输入形式的不同，视频生成主要分为两种模式：图生视频（基于图像生成动态视频）和文生视频（基于文本描述生成视频）。这两种技术正在重塑艺术创作、影视制作和体育训练等领域的工作方式。（本节中的视频均由可灵AI 1.6模型生成。）

（1）文生视频：从文字到动态叙事

文生视频技术将文本描述转化为连贯的视频内容，其关键在于跨模态时序生成。模型通常首先识别文本中的场景要素、动作描述、风格指示等信息；然后根据文本的叙事结构自动划分关键帧，并生成对应画面的文本描述作为中间提示词；最后以关键帧为核心动态渲染整个视频。

提示词（prompt）作为文生视频大模型最主要的交互语言，将直接决定了模型返回的视频内容，因此，如何使用有效的提示词来完成AI视频创作是每个创作者都希望了解和学习的。这里以生成一个5秒长度的视频为例，列出一个文生视频提示词公式。

提示词＝主体（主体描述）+ 运动 + 场景（场景描述）+（镜头语言+光影+氛围）

- 主体：主体是视频中的主要表现对象，是画面主题的重要体现者，如人、动物、植物，以及物体等。
- 主体描述：对主体外貌细节和肢体姿态等的描述，可通过多个短句进行列举，如运动表现、发型发色、服饰穿搭、五官形态、肢体姿态等。
- 主体运动：对主体运动状态的描述，包括静止和运动等，运动状态不宜过于复杂，符合视频长度内可以展现的画面即可。
- 场景：主体所处的环境，包括前景、背景等。
- 场景描述：对主体所处环境的细节描述，可通过多个短句进行列举，但不宜过多，符合5秒视频内可以展现的画面即可。如室内场景、室外场景、自然场景等。
- 镜头语言：是指通过镜头的各种应用以及镜头之间的衔接和切换来传达故

事或信息，并创造出特定的视觉效果和情感氛围。如超大远景拍摄、背景虚化、特写、长焦镜头拍摄、地面拍摄、顶部拍摄、航拍、景深等。

- 光影：光影是赋予摄影作品灵魂的关键元素，光影的运用可以使照片更具深度，更具情感，我们可以通过光影创造出富有层次感和情感表达力的作品。如氛围光照、晨光、夕阳、光影、丁达尔效应、灯光等。

- 氛围：对预期视频画面的氛围描述，如热闹的场景、电影级调色、温馨美好等。

以上公式最核心的构成就是主体、运动和场景，这也是描述一个视频画面最简单、最基本的单元。当我们希望更细节地描述主体与场景时，只需要通过列举多个描述词短句，保持prompt中希望出现要素的完整性即可。下面是一个提示词优化的例子。

1）初始提示词

输入“一只小鹿在咖啡厅里看书”，生成的视频如图7.24所示。可以看到，小鹿坐在了地上，拿着书的手是一个人类手掌，这些可能与我们希望得到的情形不符。

图 7.24　未经提示词优化生成视频的例子

2）第一次优化提示词

对提示词进行优化，增加主体和场景的细节描述“一只小鹿戴着金丝眼镜在咖啡厅看书，书本放在桌子上，桌子上还有一杯咖啡，冒着热气，旁边是咖啡厅的窗户”，这样生成的画面会更具体可控，如图 7.25 所示。

图 7.25 第一次优化后的视频截图

3）第二次优化提示词

如果想要增加一些镜头语言和光影氛围，可以输入“镜头中号拍摄，背景虚化，氛围光照，一只小鹿戴着金丝眼镜在咖啡厅看书，书本放在桌子上，桌上还有一杯咖啡，冒着热气，旁边是咖啡厅的窗户，电影级调色”，这样生成的视频质感会进一步提升，如图 7.26 所示。

图 7.26 第二次优化后的视频截图

公式的意义旨在帮助大家更好地描述想要的视频画面，我们同样可以尽情发挥想象力，不被公式限制，可能会有更加惊喜的结果。

（2）图生视频：让静态画面动起来

图生视频是当前创作者使用频率最高的功能，这是因为从视频创作角度来看，图生视频更可控，创作者可以用现有的图片或生成好的图片进行动态视频生成，极大降低了专业视频的创作成本与门槛；而从视频创意角度来看，用户可以通过文本来控制图片中的主体进行运动，如网上爆火的“老照片复活”“与小时候的自己拥抱”，以及被网友调侃为“吃菌子幻觉视频”的“蘑菇变企鹅”等。

对图生视频来说，控制图像中的主体运动是核心，可参考以下公式：

提示词＝主体＋运动，背景＋运动……

- 主体：画面中的人物、动物、物体等。
- 运动：目标主体希望实现的运动轨迹。
- 背景：画面中的背景。

以上公式最核心的构成是主体和运动，与文生视频不同，图像中已经包含了场景，因此只需要描述图像中的主体与希望主体实现的运动，如果涉及多个主体的多个运动，依次列举即可。

下面是一个图生视频中提示词优化的例子，输入的图像主体为一个中国女性形象，如图 7.27 所示（图片来自可灵 1.5 模型）。

图 7.27　图生视频中的输入图像（AI 生成图）

1）初始提示词

现在想要生成一个让图片里的女性戴上墨镜的视频，如果提示词仅仅输入“戴墨镜”，结果如图 7.28 所示，由于动作没有主体，模型较难理解指令，因此更可能通过自己的判断进行视频生成已经戴上了墨镜的视频。

图 7.28 未经优化的生成视频截图

2）第一次优化提示词

我们通过描述“主体+运动”来让模型理解指令，如“女人用手戴上墨镜”，视频效果如图 7.29 所示。

图 7.29 图生视频中的第一次优化

3）第二次优化提示词

对于背景也可以加入一些动作，例如将提示词改为“女人用手戴上墨镜，背景闪过一道光”，如图 7.30。

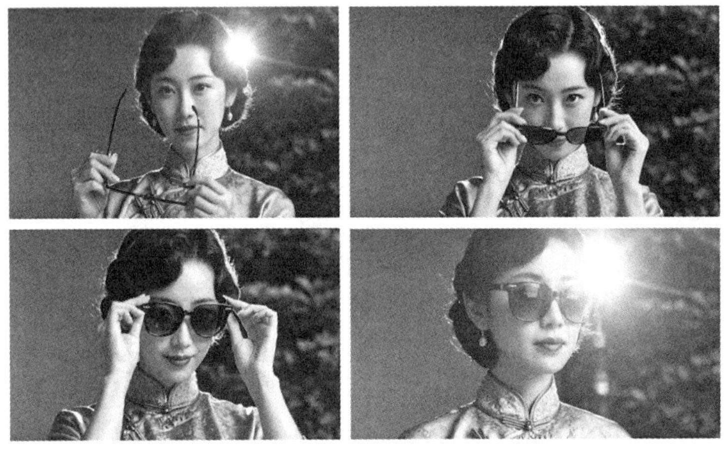

图 7.30　图生视频中的第二次优化

7.3.2 图像理解：从像素到语义的跨越

多模态大模型通过对图像的深度解析，可以实现视觉元素的解构与语义重建。该能力在艺术鉴赏、体育动作分析、文物修复等领域具有重要应用价值。

接下来以图 7.31 中的运动员滑雪照片为例，说明在图像理解的过程中如何优化提示词，以得到更好的分析结果（本案例中所使用的模型为DeepSeek，环境为腾讯元宝）。

图 7.31　运动员滑雪照片

首先输入的提示词为“描述这张滑雪照片”，大模型输出如表 7.1 所示。

表 7.1 AI 生成滑雪照片的文字描述

提示词	描述这张滑雪照片。
回答	这张由新华社拍摄的滑雪照片生动捕捉了冬奥赛场的竞技瞬间。画面中央的滑雪运动员身着红黑相间滑雪服，胸前金色奥运五环标识格外醒目，正以躬身屈膝的专业姿态高速滑降。他双手紧握滑雪杖保持平衡，滑雪板在雪道上划出流畅轨迹，扬起的雪雾在身侧形成动态拖尾，与背景中隐约可见的奥运标志共同强化了赛事的专业氛围。 摄影师采用追焦手法将运动员精准锁定，红色战衣在纯白雪道映衬下形成强烈视觉焦点。画面中飞溅的冰晶与倾斜的构图线条相互呼应，突显了滑雪运动的速度感，又通过运动员坚毅的面部表情传递竞技体育的激情和张力。

可以看到，由于初始提示词比较模糊，输出仅列出可见事物，如运动员、滑雪杖、奥运标志等，缺乏专业动作解析与风险判断。为了更准确地对滑雪动作进行分析，我们对提示词进行优化，修改为“分析滑雪动作：①身体重心位置；②雪板与雪面夹角；③动作标准度评估”大模型输出如表 7.2 所示。

表 7.2 修改提示词后的描述

提示词	分析滑雪动作：①身体重心位置；②雪板与雪面夹角；③动作标准度评估。
回答	根据您提供的图片信息，以下是对滑雪动作的专业分析： 1. 身体重心位置 分析结果： 滑雪者采用低重心姿势，膝盖充分弯曲（约 120–130°），身体重心集中在雪板中部。 优势：低重心可增强稳定性，降低风阻；重心居中便于快速调整方向，应对雪道变化。 技术关联：符合竞速滑雪与回转技巧中对重心控制的要求，能有效分配板压，提升刃的抓雪能力。 2. 雪板与雪面夹角 分析结果： 前倾动态角度：雪板前部轻微抬起（约 5–8°），后刃与雪面紧密接触，形成“压力后置”状态。 作用机制：此角度利于高速滑行中减少板头阻力，同时通过后刃加压增强操控性，防止“板尾打滑”。

续　表

<table>
<tr><td>回答</td><td>进阶解读：若为刻滑（Carving）动作，此角度表明滑雪者正在通过髋关节驱动雪板立刃，但更显著的立刃角度（>15°）可能未在图中体现。
3. 动作标准度评估
评分维度：
躯干姿态：
标准动作要求：脊柱中立，髋部前倾驱动。
当前表现：上半身前倾角度合理。
改进建议：注意避免过度前倾导致重心前移失控。
上肢协调：
标准动作要求：双臂自然侧摆辅助平衡。
当前表现：手臂无多余晃动。
改进建议：可尝试模拟持杖姿势以优化摆臂轨迹。
下肢协调：
标准动作要求：双脚均匀施压，膝踝联动缓冲。
当前表现：双腿弯曲角度标准。
改进建议：需观察连续转弯中是否保持动态对称。
综合评级：A-（接近专业级，细节需微调）
亮点：动态平衡控制优异，核心肌群参与度高。
潜在问题：后刃压力占比过大可能导致急转时板头失控，可通过调整入弯阶段的重心转移来优化。</td></tr>
</table>

可以看到，通过对提示词的优化，给大模型提供更多的信息，大模型可以输出更多更精确的结果，同学们可以尝试利用自己的专业知识，对提示词进行进一步的优化。

思考题

1.什么是模态？举例说明生活中常见的多模态场景。

2.多模态大模型如何实现跨模态信息处理？其核心能力与传统单模态模型有何区别？

3.以图像描述生成为例，说明多模态语义对齐如何提升人工智能对图像内容的理解。

4.假设你是一位插画师，如何利用多模态大模型加速绘本创作？列举具体工具和流程。

5.若用人工智能分析篮球运动员的投篮动作，如何通过图像理解技术评估动作标准度？需优化哪些提示词？

6.多模态大模型生成的艺术作品可能涉及版权争议，如何界定AI生成内容的原创性？

7.若AI生成的虚假视频（如伪造运动员比赛画面）被滥用，可能带来哪些社会问题？提出防范措施。

8.如果多模态大模型能模拟嗅觉和触觉，可以设计哪些创新应用？（如虚拟品茶体验、运动装备触感模拟。）

8 人工智能赋能艺体行业转型升级

人工智能技术的革新浪潮正在重塑艺术创作和体育运动的生态模式，为人类文明开辟出“数字文艺复兴”与“智能体育革命”的双重维度。在艺术领域，人工智能通过生成算法拓展创作边界，如生成对抗网络算法以量子纠缠般的对抗网络 生成超现实画作、AIGC全流程创作系统辅助生成剧本和虚拟拍摄、Agent智能体实时调控舞台的声光矩阵等。在体育领域，人工智能通过精准解析海量数据驱动科学决策，如动态优化训练方案、智能裁判系统、赛事分析、定制个性化运动处方等。人工智能的应用，不仅推动了艺术和体育领域的技术创新，也带给人类更加丰富、多元的体验。未来，人工智能将深化与人类专业能力的融合，在提升效率的同时，持续推动人类的艺术创造力与运动潜能迈向新的高度。

8.1 艺术创意中的人工智能

人工智能技术的迅猛发展正深刻重塑艺术产业的创作、表现与传播模式。从生成对抗网络绘制的数字画作到AI作曲家谱写的交响乐章，从虚拟戏剧演员的表演到算法生成的影视特效，人工智能已从辅助工具逐渐演变为艺术产业中的“共创者”。截至2021年，全球AI艺术市场规模已突破数十亿美元，在音乐、视觉艺术、表演等领域形成规模化应用。如今，人工智能协助人类实现的艺术创意已逐渐跨出银幕，走入了现实世界中。如中央音乐学院的AI作曲系统通过分析海量音乐数据，生成兼具传统美学与创新风格的管弦乐作品，并由机器人“智音”指挥交响乐团现场演绎；视觉艺术领域，深度学习技术可以将用户照片转化为梵高或毕加索风格的画作，模糊了“模仿”与“原创”的边界。目前，人工智能还具备了剧本分析、舞美设计、动作编排等功能。图 8.1 为 2023 年 5 月，人类第一场由算法生成的音乐、舞蹈与舞台效果编排而成的 AI 芭蕾舞剧《融合（FUSION）》的剧照。该剧在德国莱比锡剧场与观众登台见面，向全球展示了人工智能强大的技术赋能潜力。

图 8.1　AI 芭蕾舞剧《融合（FUSION）》剧照

8.1.1 人工智能赋能艺术创意的发展历程

人工智能与艺术融合经历了三个阶段：计算机辅助创作的初期，深度学习生成艺术作品的兴起，以及当前多模态大模型重构艺术本体论的规模化时代。这一进程推动艺术创作从个体经验转向算法驱动，形成“数据—算法—灵感”的三元关系。技术演进催生了多样化的创作平台，并通过游戏《黑神话：悟空》等案例实现了传统文化符号的数字化重新演绎。当前发展已超越工具论，构建了人机协同的“创意增强”新模式。

(1) 技术萌芽时期

人工智能在艺术产业的应用始于 20 世纪中后期。1956 年，计算机生成抽象图案技术首次应用于视觉艺术，标志着算法艺术的起源。20 世纪 70 年代，参数化设计系统开始辅助工业造型，实现基础几何形态的自动化生成。20 世纪 80 年代，计算机辅助设计（CAD）系统在国内制造业普及，为三维建模产业标准化奠定基础。

（2）创意产业数字化时代

2000 年后，生成式技术产业化进程加速，商业媒体数字化浪潮席卷全球。2005 年，风格迁移算法的商业软件进入平面设计市场，广告行业引入该技术批量生成视觉提案。我国开始关注三维建模与绘制技术，布局CAD与数字媒体技术的教育与产业发展。2010 年后，国内主要影视公司普及动态捕捉系统，缩短特效制作周期 40%。2014 年，头部音乐流媒体平台部署人工智能编曲系统，日产量突破万首。

（3）机器学习实践探索时期

2018 至 2022 年，生成式AI在艺术产业的实践内容快速增长。2018 年，某大型电商平台上线AI服装设计系统，72 小时完成从设计到打样。2020 年，建筑信息模型（BIM）领域引入生成式设计模块，人工智能方案在结构合理性上优于传统方案 30%。同期，短视频平台推出AI虚拟主播定制服务，生成数字人动画成本仅为传统动画的二十分之一。图 8.2 展示了BIM系统和数字人产品的最新技术进展。

图 8.2　BIM 管道可视化系统（左）与三维数字人动画生成（右）

（4）人工智能创意产业时代

自 2022 年起，人工智能艺术产业应用进入平台化整合阶段。例如，某省级广电集团建立的AI内容生产平台，集成了多种人工智能技术，实现了从剧本到虚拟拍摄的全流程协作，将节目制作周期缩短至原来的三分之一（如图 8.3 所示）。在工业设计领域，云端协同模式已成熟，设计师通过接口调用人工智能模型，快速生成设计初稿和修改。为推动人工智能产业健康发展，全国信息技术标准化技术委员会已立项 6 项相关行业标准。

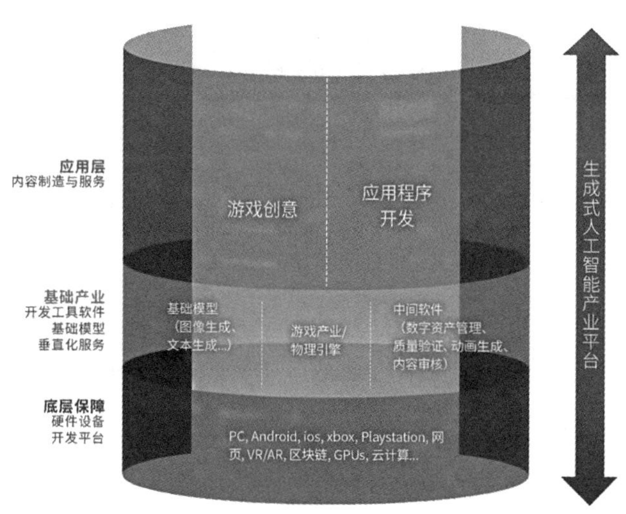

图 8.3　人工智能生成内容创意产业平台的层级示意图

8.1.2 人工智能在艺术产业中的实践与探索

随着人工智能技术的迅猛发展，全球艺术产业正经历一场深刻的生产关系转型。从文化保护到创意实现，从传统艺术创新到数字艺术教育，人工智能技术正在融入并重塑艺术创作与传播的各个环节。本节将聚焦我国人工智能赋能艺术创意的实践案例，展现科技与艺术融合的进展。

（1）影视与网络视听领域的AI革新

人工智能生成内容已广泛应用于网络视听领域，融入节目策划、内容制作、个性推荐、运营推广等各场景，使创作效率极大提升、产业生态更加丰富。中国电影集团人工智能研究院的数据显示，以图 8.4 所示的电影《只此青绿》为代表，在AIGC帮助下，原本需要七八个人工作一周才能完成的镜头，现在一个人用半天就可以完成。

事实上，在《只此青绿》从舞台剧到影视化的创作过程中，文化创意团队借助人工智能大模型的多模态能力，开创了文化发现、文化创意的新范式。

图 8.4 《只此青绿》的 AIGC 制作

央视《非遗里的中国》栏目中《雅韵翩然》青铜编钟短片的制作团队采用“生成式 AI+ 动态视觉特效”的复合技术框架，在两周内完成传统影视工业需数月实现的视觉效果。与传统线性流程（概念设计—分镜绘制—实拍—后期合成）不同，人工智能场景生成与实拍素材处理同步推进，通过零样本学习技术微调模型，解决编钟纹饰、云雷纹等低频特征的生成难题。如图 8.5 为熔融金属场景的动态化处理与舞者绿幕素材的合成可同步进行，避免了传统流程中因风格不符导致的返工。

图 8.5 《雅韵翩然》中人工智能将真人演出与 AI 生成的场景进行融合

央视网发布AI生成视频“AI在台湾”，如图8.6所示，通过自然语言处理自动分析剧本，识别场景、角色、动作及台词，并智能划分场次和分镜，自动生成角色形象、场景布局及道具配置，包含景别（远景、近景等）、镜头语言（推拉摇移）等参数，用户可手动调整分镜顺序或通过人工智能辅助优化（如修改提示词、添加道具等）。

图8.6 央视网发布人工智能生成视频“AI在台湾”，由央视网数字人小C配音

（2）传统文化艺术的数字化新生

随着数字文明浪潮的兴起，传统文化艺术的数字化转型已超越单纯的技术叠加，演变为一场深层次的文明重构与价值再生。这场变革以数字技术为支点，撬动了文化基因库的创造性转化，通过虚实交融、古今对话的多元路径，实现了传统艺术形态的当代性突围。人工智能技术在传统文化艺术的保护与创新方面的探索与实践，正在为中华民族历史文化复兴开辟更广阔的发展空间。

1）文化遗产数字化建模

基于视觉的三维重构技术采用“多视角立体视觉算法”，通过双目相机阵列采集多角度图像序列，结合特征点检测匹配、摄像机标定优化、点云配准与表面重建等核心流程。深度学习技术如残差网络可优化点云融合，解决纹理缺失问题，实现亚毫米级精度建模。其典型流程包括图像采集→稀疏点云生成→稠密重建→纹理贴图。此外，还引入神经辐射场（NeRF）技术，通过多层感知机隐式建模三维空间，提升细节保留能力，如图8.7所示。在非遗保护领域，该技术可精准记录传统建筑结构、手工艺品形制等空间信息。

图 8.7　基于视觉三维重构技术的文物 AI 建模及三维打印样品

2）文化基因的提取与重塑

人工智能与艺术结合，开创了“技术考古”的新范式，通过人工智能量化分析历史美学元素，为传统文化的现代化表达建立可复用的数字资产库。这些“将深度学习神经网络与传统艺术基因图谱相结合”的成功实践案例，为行业提供了标杆性的技术解决方案。例如 2024 年《时空灵境——AI 复活柏孜克里克第 9 窟壁画》项目，如图 8.8 所示，在国家艺术基金的支持下，利用生成式人工智能和现代科技手段，对已消失的珍贵壁画进行全面数字化复原，为实体修复提供科学依据。

图 8.8　伯孜克里克石窟壁画具备巨大的艺术价值，但历史遗迹破损严重

(3) 教育领域的艺术创作革新

在人工智能技术深度重构教育生态的当下，艺术教育正经历着从工具辅助到思维重塑的范式跃迁。2025年教育部的监测数据显示，绝大部分艺术类院校已将人工智能技术纳入教学体系，技术赋能让艺术创作从传统的单向传授走向人机协同的共生进化。这种变革不仅打破了艺术与技术长期存在的学科壁垒，更通过算法逻辑与审美感知的化学反应，催生出虚实交融的新型创作生态。当前的技术应用已超越简单的数字化工具替代，转而构建起覆盖“创意孵化—创作实践—成果评估”的全流程智能支持系统，使得艺术教育从经验驱动转向数据驱动。在此进程中，艺术教育的核心价值得到双重强化：一方面通过技术拓展了表现手法与创作边界；另一方面更凸显出人文精神在算法时代的不可替代性。

1）跨学科课程体系重构与智能工具开发

开设人工智能与传统艺术课程交叉模块，开发“手绘线稿+AI渲染”教学模式，集成动态骨骼识别算法与情感计算模型于表演艺术教学，建设智能创作平台和云端教学资源库，运用数据分析建立个性化学习档案，精准诊断学生创作中的专业痛点。

2）沉浸式教学场景革新与评价体系升级

构建虚实联动的智能课堂，集成自然语言处理与计算机视觉技术，打造可量化认知负荷与艺术表现力的教学环境。通过全息场景重构音乐教学空间，开发AI教具系统将手绘草图转化为3D效果图，并建立三维评估体系，破解传统课堂难以捕捉的认知负荷问题。部分院校通过AI愿景引擎生成学生未来艺术家形象，形成“文化认知—创作实践—精神成长”的育人闭环。

3）产教协同创新与教育生态重塑

校企共建虚拟实训平台，打通AI作曲、数字文物修复、智能服装设计等技术转化通道。通过项目制教学培养学生人机协同创作能力，创建虚拟艺术工坊集群，整合AR/VR技术模拟展览策划、艺术品拍卖等产业链环节，形成理论教学与产业需求深度对接的实践体系。拓展表现手法，突破艺术边界；实现个性化成长追踪；搭建价值转化通道，形成艺术与技术深度互嵌的教育新生态。

8.1.3 人工智能艺术创意的潜力与展望

当前，人工智能在艺术产业的应用已形成多维度渗透格局。技术层面，人工智能不仅通过风格迁移、动态构图等技术突破实现艺术表达的精细化与多元化，而且作为创作工具，人工智能与艺术创意的融合还重塑了影视、绘画、音乐等领域的生产流程。在影视行业，人工智能将传统需要数周完成的镜头压缩至数小时，使创作者从机械劳动中解放并聚焦核心创意；在视觉艺术领域，生成对抗网络等算法已能独立生成兼具传承与创新的作品，甚至形成新的艺术流派。

业界不断的技术实践和探索引发从业者们对于人工智能能力的思考与创新，多种不同能力的人工智能模型通过组合与串联参与创意产品的设计和生产中，这些实践经验逐渐形成了集成度更高、功能更完善的生成式人工智能创意平台（AICG Platform for Art），如图 8.9 所示。越来越多由人工智能参与内容制作、剧本设计甚至是主题规划的影视和游戏从创意协作平台下线，走进我们的日常生活中。

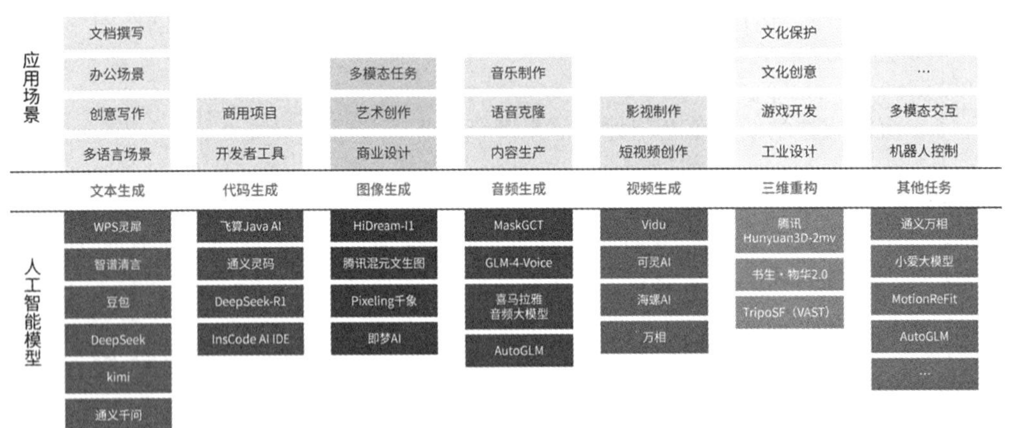

图 8.9　生成式人工智能产业应用框架

然而，目前技术发展仍面临若干关键瓶颈，如算法对空间逻辑理解的局限性、复杂肢体动作的生成失真、多元素场景的构图紊乱等问题尚未完全解决。与此同时，版权归属的模糊性、创作伦理的争议性，以及人机协作中主体性的界定困境，构成行业发展不得不面对的三个道德议题。

展望未来，艺术与人工智能的融合将沿着技术突破与价值重构双轨并行。同时政策法规需建立动态响应机制，构建包含创作溯源、权益分割、价值评估的AI艺术治理体系，既保护人类创作者权益，又为机器创作预留创新空间。

技术方面，如图8.10所展示的技术发展历程，生成式人工智能的未来必然需要从“赶时髦”向“真有用”进一步落实，一方面从人工智能的能力上需要适应更多的业务场景和内容形式，在AI agent和“多面手战士”之间灵活切换，最终从业务流程节点逐渐形成“无感智能”；另一方面，大模型理论和实践的发展，将降低大模型的自建门槛，更多企业、团体将推出专属的、自建的大模型算法，进而推动应用从“云原生”走向“AI原生”，最终实现AICG的普惠化产业融合。

	2020年之前	2020年	2022年	2023年前后	2025年前后	2030年前后
文本生成任务	垃圾邮件检测 多语言翻译 基础问答	简单文案生成 初稿生成	长文本生成 初稿修订技术	垂直领域微调 达到专业水平 （科学论文等）	终稿优化超越人类平均水平	终稿优化超越专业作家水平
代码生成任务	单行代码自动编译	多行代码生成	长代码生成 更高的准确率	多种编程语言 高维向量支持	初稿级文本驱动的代码生成任务	产品级的文本驱动生成任务，性能超越职业程序员
图像生成任务			风格化 徽标设计 照片处理	模型测试阶段 （商业设计，建筑设计等领域）	终稿生成 （商业设计，建筑设计等领域）	成品质量超越职业画师、设计师、摄影师
视频、三维模型、游戏相关任务			三维模型、视频生成模型的早期尝试	三维模型、视频生成模型原型	初稿优化	支持个人创意的游戏、影视综合AI创作模块

早期尝试阶段　测试验证阶段　成熟原型阶段

图8.10　从文本与代码到多媒体创作的生成式人工智能技术

价值层面，人类艺术家的核心角色将转向“创意策源者”与“伦理守门人”，在保持情感共鸣优势的同时，借助人工智能实现文化的数字化重生与跨界艺术形态的孵化。同时，生成式人工智能也会促进艺术产业内部分配体系的革新。未来，人工智能将协助参与，甚至从人类手中接管相当规模的工艺型创作任务。与之相对的，对于那些在艺术表达或是深刻思想内核方面具备创造力的人类艺术家，其工艺能力之外的天赋将显得更为独一无二，相对于传统的产业模式，人类艺术家的原创力在产业中的价值占比会更高。

此外，更深远的影响或将出现在艺术教育领域。人工智能驱动的个性化教学系统可解码个体审美基因，培育出兼具人文温度与数字素养的新一代创作者，最终实现艺术民主化与精英化的辩证统一。这场始于工具革新的技术浪潮，终将演变为重构艺术本质的认知革命。

8.2 体育创新中的人工智能

作为新一轮科技革命和产业变革的核心驱动力，人工智能技术正在深刻地影响人类的社会生活。体育是人类促进自身健康、探索运动极限的重要方式，同时也是以丰富人类社会文化和精神文明为目的的一种有意识、有组织的社会活动。近年来，随着人工智能技术在体育科技领域的逐步应用，人工智能与体育持续、全面、深层次地融合已成为助力体育行业发展的必然趋势。

8.2.1 体育人工智能的发展历程

从1951年第一款能下跳棋的计算机程序到2024年巴黎奥运会成为首届大规模使用人工智能技术的奥运会，体育一直是人工智能的重要实验与应用领域。纵观体育人工智能发展史，伴随着人工智能技术的产生、兴起、沉寂和复兴，体育人工智能技术也相应体现出阶段性特征。

（1）萌芽期（20世纪50年代—20世纪80年代）

人工智能技术诞生之初，以赫伯特·西蒙和艾伦·纽厄尔为代表的理性学派认为，人脑与计算机可以视为信息处理器，任何能够以一定的逻辑规则描述的问题都可以通过人工智能程序解决。而棋类游戏恰恰是这种形式化符号问题的典型，因此以棋类运动为代表的体育运动在人工智能领域被用作理性学派的试验场，用来验证算法的优越性。例如，艾伦·纽厄尔和奥利弗·塞弗里奇于1955年分别做了下棋与计算机模式识别的研究，而亚瑟·塞缪尔于1956年提出了机器学习理论，并编写了能够与人类下西洋跳棋的程序，于1959年击败了设计者本人。1960年后，随着人工智能发展出现第一次低潮，体育与人工智能的结合也陷入长达20年的沉寂。

（2）形成期（20世纪80年代—21世纪初）

在20世纪80年代，竞技体育蓬勃发展、大众健康意识增强、专家系统广泛应用，推动人工智能技术开始应用于提取和分析运动风险、运动损伤、运动疲劳等方面的数据。由此，体育与人工智能的结合开始趋向深入。在科学训练方面，综合软件程序用于生物力学、生理学、心理学分析，实现技能模拟、负荷监测、动作分析。在医疗保健方面，基于大数据的概率模型预测运动风险，机器学习算法用于运动损伤诊断。

总体来说，体育与人工智能的融合在这一时期取得了较大成效。同时，数据记录、算法、应用方案、软硬件技术等条件尚未成熟，使得体育人工智能技术并未形成整体化和系统化应用的局面。

（3）全面融合期（21世纪初至今）

随着深度学习算法、大数据、云计算、虚拟现实、传感器、物联网等新技术的发展，体育人工智能技术进入高速发展期，逐步呈现整体化、系统化、精细化应用的态势，在体育赛事转播、智能判罚、竞技体育训练、体育教学、智能体育场馆、个性化健康管理等方面成果丰硕。在竞技体育的技术训练与战术建模方面，无线传感的运动监测装备已得到初步应用。例如，2013年NBA就引入Sport VU 系统，将3D高清摄像机与各类传感器相连，通过动态捕捉、跟踪分析、提取数据建立战术模型，并最终输入数据库。在学校体育方面，大数据驱动的人工智能技术推动课程改革、降低运动损伤风险、革新教学模式。在大众健身方面，智能算法与虚拟现实技术落地，提供个性化健身计划、实时反馈、健康管理等服务。此外，体育场馆的智能化和数字化也正在快速发展。

得益于信息技术快速发展、互联网普及、算力突破、算法强化、模型构建和分析结果的精准度大大提高，该阶段突破之前体育与人工智能结合的局限，迎来历史上最好的发展时期。

8.2.2 人工智能在体育领域中的应用

当前，体育人工智能正处于高速发展期，深度融合体育学、人工智能、计算机、电子信息等学科技术，在竞技体育、学校体育、大众健身领域逐步呈现整体化、系统化、精细化应用的态势。

（1）人工智能在竞技体育中的应用

在竞技体育领域，面向运动员、教练员、裁判员，基于人体动作捕捉、识别和分析开发的训练辅助系统、陪练机器人、战术优化系统、智能裁判与辅助判罚系统等已在训练、竞赛、执裁方面得到了广泛应用。

1）智能辅助训练系统

随着人工智能与计算机视觉技术的迅猛发展，智能辅助训练系统正日益成为现代体育训练中不可或缺的技术支撑。这类系统通过部署高精度视觉传感器网络，实时捕捉运动员的微观动作特征，并基于多模态数据分析生成可视化训练报告。其核心技术架构包含的四大核心模块：动态视频捕捉系统、三维动作识别与轨迹追踪引擎、运动姿态质量评估算法以及智能实时反馈机制，共同构建了一个数据驱动的数字化训练闭环。系统依托深度学习模型对海量运动数据进行特征提取与模式识别，不仅能精准量化分析运动员的技术动作、身体力学特征及能量代谢状态，更能通过预测算法动态优化训练方案，在提升竞技表现的同时显著降低过度训练风险与运动损伤概率，实现了训练效率与安全性的双重突破。

自 2016 年起，可穿戴技术在美国运动医学学会发布的全球健身趋势榜单中长期稳居第一，说明其在健身领域的重要性。如图 8.11 所示，不同类型可穿戴装备中的传感器能全方位多维度采集运动过程中的各项指标数据。随着人工智能技术的迅猛发展，基于可穿戴装备提供的数据，研究人员使用数据挖掘、机器学习等分析手段，分析不同运动负荷、姿态、技术、位置和力量等数据的特征，并以数字化和可视化的方式呈现，使穿戴者自身及指导人员对训练过程有更为直观的认识，进而为后续个性化训练提供数据支撑。

图 8.11　智能可穿戴设备

中国短道速滑队在2022年北京冬奥会上勇夺首金，这一辉煌成就的背后，既凝聚着运动员日复一日的刻苦训练，也彰显了科技赋能竞技体育的强大力量。科研团队通过部署智能可穿戴监测系统，采用医疗级心电仪实现512Hz的高频采样，对运动员的心率变异性、肌肉激活状态等关键生理指标进行实时动态监测。这些数据同步传输至云端医疗体征分析平台，结合人工智能算法生成个性化训练评估报告，教练团队则通过移动终端即时获取分析结果，构建了一套完整的“监测—分析—反馈”智慧训练闭环系统，为科学化训练提供了坚实的技术保障。

2）赛事管理与裁判辅助

在赛事管理领域，以2023年杭州亚运会使用的DeepSeek预测模型为例，系统通过分析人流、交通流量数据，优化场馆周边交通路线，使拥堵指数下降。人工智能监控系统还可实时识别安全隐患（如人群拥挤、遗留物品），响应速度较人工大幅提升。

在赛事裁判领域，视频辅助裁判系统通过在场馆关键位置布置高清摄像头，多角度捕捉比赛细节，利用计算机视觉和机器学习算法自动检测越位、犯规等违规行为，为裁判提供多角度的清晰的视频证据。如图8.12所示，在网球比赛中，鹰眼技术通过多台高速摄像机构建的三维追踪网络，结合基于三角测量原理的轨迹预测算法，精确跟踪球体轨迹，为裁判提供了可靠的决策依据。

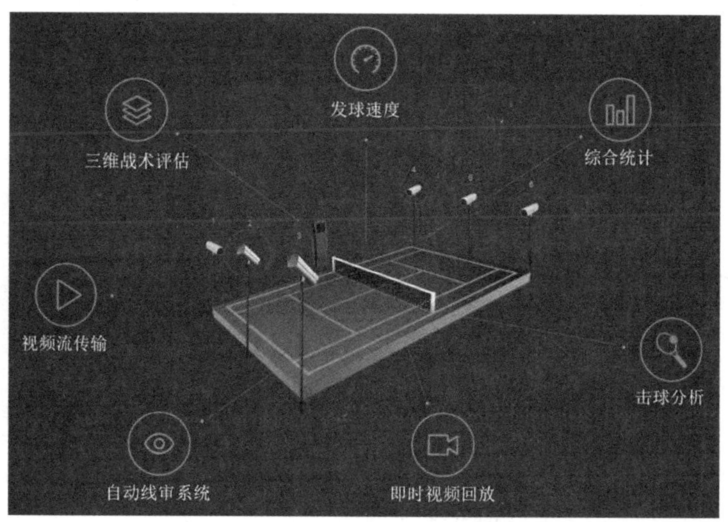

图8.12 鹰眼系统辅助网球比赛判罚

视频辅助裁判系统显著提高了判罚的准确性和公正性，未来将在更多体育项目中普及，提升比赛的公平性和观赏性，增加观众对比赛结果的信任和满意度。

（2）人工智能在学校体育教育中的应用

在学校体育教育领域，依托人工智能和大数据打造的体育教学生态系统，能帮助学生开展个性化的体育学习与训练、辅助体育教师提高教学质量、协助管理者实现高效的教学管理。

1）计算机辅助体育教学系统

借助智能可穿戴设备，如运动手环、心率监测仪和惯性传感器，构建物联网监测网络，可实时采集学生在体育课中的多维运动生理数据，包括心率变异性、动作轨迹、运动强度等关键指标。基于云计算平台的大数据分析引擎，系统能够动态生成个性化的运动处方和训练计划，实现从“经验驱动”到“数据驱动”的教学模式转型。以智能篮球教学系统为例，该系统通过计算机视觉技术捕捉学生投篮时的身体姿态角度、出手速度和篮球飞行轨迹等多项技术参数，结合深度学习算法快速完成动作诊断，并通过AR可视化界面提供实时矫正建议，提升学生的投篮动作规范性，有效促进运动技能的精准掌握。

2）学校运动训练与教学系统

基于计算机视觉与人工智能技术，系统通过摄像头实时捕捉学生运动过程，如图8.13所示的立定跳远测试，并利用深度学习算法进行精准的动作分析，识别关键动作节点，如起跳角度、摆臂幅度、落地姿势等，生成个性化训练建议。同时，结

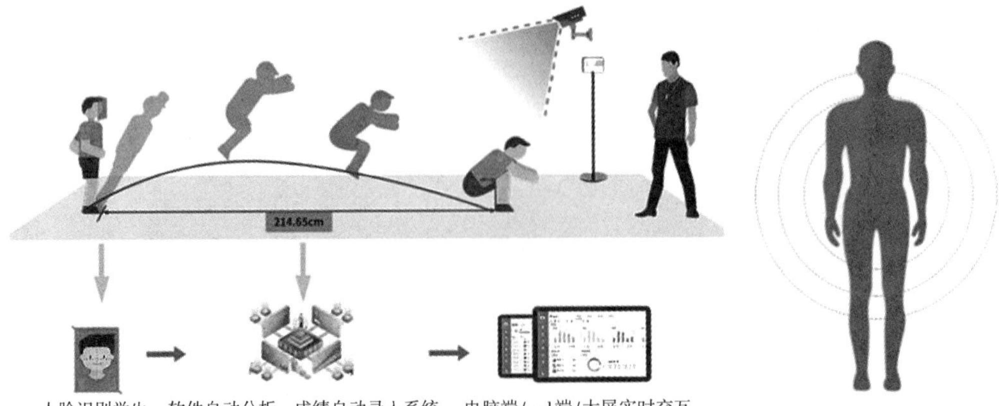

图8.13 基于计算机视觉技术测试立定跳远

合学生的学习进度与表现数据，系统动态调整教学内容的难度与训练方案，实现自适应、个性化教学。该技术不仅提升了体育教学的精准性与效率，还能基于数据分析优化训练策略，为学生的技能提升与全面发展提供科学化、智能化的支持。

随着科技的不断进步，计算机视觉技术将与可穿戴设备、虚拟现实（VR）、增强现实（AR）等技术实现更深层次的整合。这种整合将为学生提供沉浸式的学习体验，使他们能够在模拟的环境中练习和完善运动技能。例如，通过VR技术，学生可以体验不同的运动场景和条件，而可穿戴设备则可以实时监测学生的生理状态和运动表现，为教练提供即时反馈。这种多技术融合的趋势将极大地丰富教学手段，提高教学互动性和学习效果。而深度学习等人工智能技术的应用，将使得动作捕捉和分析更加智能化和精准化。通过训练深度神经网络，系统能够识别和理解复杂的运动模式，预测学生的进步趋势和潜在问题，从而为每个学生提供定制化的训练建议。

（3）人工智能在大众健身中的应用

在大众健身领域，数字化与智能化正深刻改变着传统健身模式。一方面，基于生物特征识别和大数据分析的智能健身应用呈现爆发式增长，为用户提供个性化的运动处方；另一方面，集成了物联网和人工智能技术的可穿戴设备快速普及，实现运动数据的实时监测与反馈。与此同时，配备智能导览、虚拟教练等功能的智慧化运动场馆加速布局，有效突破了时空限制，为全民健身提供了更便捷、更科学的参与方式。这种技术赋能的创新模式，不仅优化了健身服务体验，更通过数字化手段有效缓解了优质体育资源区域分布不均的结构性矛盾，为构建更高水平的全民健身公共服务体系提供了科技支撑。

1）个性化运动处方管理系统

运动处方是基于个体健康信息和运动需求制定的个性化运动方案，旨在促进健康和预防疾病。运动处方通过健康检查和风险评估，确定个体的运动适应性。临床测试，利用心肺功能测试等方法，量化运动能力并制定运动强度。结合循证医学和大数据技术，生成个性化运动处方。同时，借助大数据技术，汇聚体征、医学和运动数据，优化运动处方的开具和执行。通过人工智能技术，进行智能分析和模型优化，提升运动处方的精准化水平。实践案例如，上海市杨浦区“数融医体”项目通过大数据和人工智能技术，为居民提供个性化运动干预。国家运动处方库的建设覆盖了运动处方的开具、执行和调整等多个环节。

2）沉浸式运动健身系统

提高身体健康、丰富文化生活、带动产业发展是大众健身的主要目标。通过虚拟现实（VR）、增强现实（AR）、混合现实（MR）等技术，结合人工智能和运动行为识别，构建沉浸式运动健身系统，满足不同年龄段和层次人群的需求。如图 8.14 所示的沉浸式运动健身系统，利用计算机视觉进行位置跟踪、深度感知和物体识别，结合语音识别和内容渲染技术，将现实运动数据投射到虚拟环境中，从单一的智能穿戴设备发展到AR/VR/MR沉浸式系统，提供免穿戴、高交互的运动体验。

图 8.14　沉浸式运动健身系统

3）智能健身教练系统

现代人面临快节奏生活和健康挑战，运动健康成为提升生活幸福指数的关键。图 8.15 中所示的居家运动智能系统，融合人工智能技术与专业健身服务，其核心功能包括实时动作捕捉、AI姿态纠正及个性化课程推荐，用户无需穿戴设备即可获得精准运动反馈。系统内置多维健康管理系统，支持心率监测、卡路里消耗测算等数据可视化，并定期生成训练报告。系统搭载海量课程资源，涵盖普拉提、芭蕾、HIIT、力量塑性、体态纠正等运动类别，适配不同健身水平用户。通过人脸识别技术，可自动调取个人运动档案，结合用户目标（减脂/增肌/塑形）定制每日运动计划。这类系统重新定义了高效、科学且充满趣味性的居家健身体验，让私人健身房走进每个家庭。

图 8.15 居家运动智能健身系统

8.2.3 人工智能在体育领域中的挑战和展望

人工智能技术正以前所未有的速度革新体育产业生态。依托深度学习算法和大数据分析能力，人工智能已深度渗透竞技训练、赛事运营、观众互动等核心场景，推动行业向智能化方向转型。但技术应用仍面临多重挑战：数据孤岛现象制约模型训练效果，毫秒级实时决策要求现有算力支撑不足，算法偏见引发的竞技公平性质疑等问题亟待解决。这些技术瓶颈的突破将决定人工智能在体育领域的应用深度与广度。

（1）面临的挑战

1）数据获取与处理的复杂性

体育场景中的数据来源极为分散：从运动员可穿戴设备记录的生物力学数据，到高速摄像机捕捉的战术轨迹，再到社交媒体上的观众情绪反馈，数据格式涵盖文本、图像、视频、传感器信号等多种形态。例如，一场足球比赛可能产生超过1.5TB的实时数据，但其中仅有不到5%能被有效利用。更棘手的是，不同设备的数据标准不统一，如GPS追踪器与惯性传感器的采样频率差异可达10倍以上，导致多源数据融合困难。此外，动作识别的标注需要专业教练团队参与，一个完整的篮球战术库构建往往需要耗费数百小时的人工标注成本。

2）毫秒级实时响应的技术极限

在赛事直播中，人工智能需要在0.3 ~ 2秒内完成动作捕捉、数据分析与结果输出，这对算法和硬件构成双重考验。以网球鹰眼系统为例，其通过8台高速摄像机实现每秒2000帧的拍摄，但数据处理仍需约5秒。而人工智能若想实现真正的实时战术建议，需将计算延迟压缩至毫秒级。这要求算法模型必须在轻量化与精度之间找到平衡点。

3）动态场景的理解瓶颈

体育赛场的环境复杂度远超常规人工智能应用场景。以足球比赛为例，系统需同时追踪22名球员、裁判、足球的动态位置，并解析跑动路线、传球角度、阵型变化等300余项参数。更复杂的是，运动员的遮挡问题会导致关键帧丢失，而光照变化、雨雪天气等环境干扰会使图像识别准确率骤降。

4）伦理与规则的新命题

当技术深度介入竞技体育时，公平性争议也随之凸显。例如，美国德州游骑兵棒球队在2023年夺得世界大赛冠军的过程中，充分利用了人工智能系统进行数据收集和分析，这引发了“技术军备竞赛”的担忧。同时，运动员的隐私数据保护成为焦点——某智能手环曾泄露篮球运动员的心率变异数据，被对手用于推测其疲劳状态。国际奥委会已着手制定《AI技术应用伦理指南》，要求所有生物特征数据必须匿名化处理，这对人工智能的数据架构设计提出了新要求。

（2）展望未来

1）训练模式的智能革命

通过多模态数据融合，人工智能正在创造全新的科学训练范式。美国NBA勇士队引入的AI训练系统，能实时分析球员投篮时的17个关节角度，结合历史数据预测受伤概率，使球员赛季出勤率提升22%。未来系统可进一步整合环境传感器数据，如根据温度、湿度变化动态调整训练强度，实现真正的“环境自适应训练”。

2）观赛体验的沉浸式升级

北京冬奥会期间，中国移动咪咕作为官方转播商，运用了5G+4K/8K、HDR Vivid、5G+VR/XR等超高清技术，让观众能看到“像素级”的赛事细节；其多视角多屏同看功能，可使观众同屏观看最多四路的赛事直播；云包厢、云呐喊、云加油等交互观赛“黑科技”，让观众在家就能与亲友连线，享受边聊边看的乐趣；AR虚拟技术打造的演播室，以及以谷爱凌为原型的超写实数智达人Meet GU走进演播室，都增强了科技感和观赛的趣味性；360度环拍技术结合相关“智作”技术，让观众能全方位、无死角观看冬奥赛事。目前，5G+AI技术支撑的“全息投影观赛”已进入实验阶段。未来，观众可通过VR设备“站”在球场中线观看比赛。

3）健康管理的预防性革新

英国运动医学杂志的研究显示，基于深度学习算法的伤病预测模型，能在症状出现前6周识别出85%的损伤风险。同时，智能康复设备结合生物反馈机制，可根据患者恢复进度自动调整训练方案，临床数据显示其使康复周期缩短30%。

4）赛事管理的系统性优化

从赛程安排到资源调配，人工智能正在重塑赛事管理逻辑，值得期待的是“智能裁判助理”的发展。在2022年卡塔尔世界杯的比赛中，半自动越位识别系统SAOT多次快速、准确地做出越位判罚，例如在阿根廷对阵沙特阿拉伯的比赛中，上半场SAOT系统7次出镜，3次将阿根廷队的破门宣布无效，未来结合深度学习的全自动判罚系统可能彻底改变裁判工作模式。

人工智能在体育领域的深度渗透已势不可挡，展望未来，我们或将看到：第三代智能穿戴设备实现纳米级生物信号监测；元宇宙平台构建的虚拟体育竞技生态；基于联邦知识图谱的跨球队知识共享系统等。技术的终极目标不应是创造“完美运动员”，而是拓展人类运动的可能性边界。

思考题

1.查一查，看一看，想一想生成式人工智能的发展会对你所学的专业产生怎样的影响，尤其是推测一下在你毕业的时候，这些技术会为产业发展带来怎样的变化与挑战？

2.与DeepSeek聊一聊，思考一下目前生成式人工智能技术在商业艺术的产业实践中存在哪些挑战与关键议题，这些议题会对你未来的职业规划产生怎样的影响呢？

3.艺术创意方向的技术进展，总是延后于文本相关任务的技术发展，这种发展进度的差异是由许多复杂因素共同造成的，造成艺术创意类AIGC进展较慢的主要原因是什么？结合网络资料谈谈你的看法。

4.关于艺术创作伦理方面的讨论，一直是艺术家们在面对人工智能不断向产业中心深入时，难以回避的问题。尤其是面对技术普惠大众和艺术家利益保障两个需求之间的矛盾，无论你支持哪一方，都难以给出完美解答。作为尚未深入艺术产业内部的学习者，请你试着站在客观的立场，思考一下难以调和的矛盾中，蕴含着怎样的机遇与可能性。

5.人工智能在体育裁判（如视频辅助裁判系统、鹰眼系统）和运动员训练（如动作捕捉、战术分析）中的应用，理论上提高了判罚精度和训练科学性。但现实中，发展中国家或基层体育组织可能因技术资源匮乏而加剧竞技不公平。那么如何平衡技术依赖与体育普惠性？是否存在“技术垄断”导致体育分层扩大的风险？请阐述你的观点。

6.人工智能通过可穿戴设备和生物识别技术实时监测运动员身体状态（如心率、肌肉疲劳度），甚至预测运动损伤风险。那么当算法决策建议运动员退赛或改变训练计划时，教练、运动员和医疗团队应如何界定责任边界？若过度依赖人工智能导致运动员自主决策权丧失，是否会背离体育的人文精神？请阐述你的观点。

7.人工智能已能生成个性化训练方案、模拟对手战术，甚至通过虚拟现实重构训练场景。若未来AI教练的决策能力超越人类教练，竞技体育的核心价值是否会从“人类突破极限”转向“技术优化效率”？如何定义“人机共生”模式下体育的终极意义？

参考文献

[1] FRANCISCO S, ADELINO G, RENATA M, et al. Natural Language Analytics with Generative Large-Language Models—A Practical Approach with Ollama and Open-Source LLMs [M]. Berlin: Springer, 2025.

[2] GOODFELLOW I, BENGIO Y, COURVILLE A. 深度学习[M]. 赵申剑, 黎彧君, 符天凡, 等, 译. 北京: 人民邮电出版社, 2017.

[3] 邓力, 刘洋, 等. 基于深度学习的自然语言处理[M]. 李轩涯, 卢苗苗, 赵玺, 等, 译. 北京: 清华大学出版社, 2020.

[4] 李航. 统计学习方法[M]. 北京: 清华大学出版社, 2019.

[5] 李亚超, 熊德意, 张民. 神经机器翻译综述[J]. 计算机学报, 2018, 41 (12): 2734–2755.

[6] 邱锡鹏. 神经网络与深度学习[M]. 北京: 机械工业出版社, 2020.

[7] 孙吉贵, 刘杰, 赵连宇. 聚类算法研究[J]. 软件学报, 2008, 19 (1): 48–61.

[8] 张艺博, 刘彧. 人工智能通识[M]. 北京: 高等教育出版社, 2025.

[9] 王东, 马少平. 人工智能通识[M]. 北京: 清华大学出版社, 2025.

[10] 王万良. 人工智能通识教材（第二版）[M]. 北京：清华大学出版社, 2022.

[11] 周志华. 机器学习[M]. 北京: 清华大学出版社, 2016.

[12] DANIEL JURAFSKY, JAMES H MARTIN. 自然语言处理综述：第三版[M]. 北京：清华大学出版社，2024.

[13] JACOB DEVLIN, MATT CHANG, KENTON LEE, et al. BERT: Pre-training of deep

bidirectional transformers for language understanding[J]. NAACL-HLT, 2019, 1(1): 4171–4186.

[14] 车艳秋, 周斌, 曾凡琳, 等. 智能语音信号处理及应用[M]. 北京: 清华大学出版社, 2022.

[15] 魏昕, 赵力. 语音信号处理[M]. 北京: 机械工业出版社, 2024.

[16] 张晓雷. 复杂环境下语音信号处理的深度学习方法[M]. 北京: 清华大学出版社, 2022.

[17] 俞栋, 邓力, 俞凯, 等. 人工智能: 语音识别理解与实践[M]. 北京: 电子工业出版社, 2020.

[18] WANG W, LI J, LI Y, et al. Style-conditioned music generation with Transformer-GANs[J]. Frontiers of Information Technology & Electronic Engineering, 2024, 25(1): 106–120.

[19] 高凯, 徐华, 王九硕, 等. 文本大数据情感分析[M]. 北京: 清华大学出版社, 2019.

[20] 涂卫平, 姚雪春, 张茂胜, 等. 三维音频实时生成技术及实现[J]. 计算机科学与探索, 2015, 9(07): 839–846.

[21] 樊振, 过弋, 张振豪, 等. 基于词典和弱标注信息的电影评论情感分析[J]. 计算机应用, 2018, 38(11): 3084–3088.

[22] 彭小红, 张良均. 深度学习与计算机视觉实战[M]. 北京: 人民邮电出版社, 2023.

[23] 冈萨雷斯, 伍兹. 数字图像处理(第三版)[M]. 阮秋琦, 译. 北京: 电子工业出版社, 2011.

[24] 廖茂文, 潘志宏. 深入浅出GAN生成对抗网络[M]. 北京: 人民邮电出版社, 2020.

[25] 李忻玮, 苏步升, 徐浩然, 等. 扩散模型从原理到实战[M]. 北京: 人民邮电出版社, 2023.

[26] 普园媛, 徐丹, 阳秋霞. 图像视觉属性传递算法的研究及应用[M]. 北京: 科学出版社, 2024.

[27] 徐祺津, 叶海良, 曹飞龙, 等. 基于全局—局部先验和纹理细节关注的图像修复[J]. 模式识别与人工智能, 2025, 38(02): 101–115.

[28] 李鑫, 普园媛, 赵征鹏, 等. 内容语义和风格特征匹配一致的艺术风格迁移[J].

图学学报, 2023, 44(04): 699–709.

[29] 李伟伟, 傅博, 王贺霏, 等. 基于数据增强循环生成对抗网络的图像水墨画风格迁移方法[J]. 吉林大学学报(理学版), 2025, 63(03): 804–814.

[30] GATYS L A, ECKER A S, BETHGE M. Image style transfer using convolutional neural networks[C]//Proceedings of the IEEE/CVF conference on computer vision and pattern recognition. 2016: 2414–2423.

[31] KARRAS T, LAINE S, AILA T. A style-based generator architecture for generative adversarial networks[C]//Proceedings of the IEEE/CVF conference on computer vision and pattern recognition. 2019: 4401–4410.

[32] WANG Z, ZHAO L, XING W. Stylediffusion: Controllable disentangled style transfer via diffusion models[C]//Proceedings of the IEEE/CVF International Conference on Computer Vision. 2023: 7677–7689.

[33] CHUNG J, HYUN S, HEO J P. Style injection in diffusion: A training-free approach for adapting large-scale diffusion models for style transfer[C]//Proceedings of the IEEE/CVF conference on computer vision and pattern recognition. 2024: 8795–8805.

[34] 李刚. 人工智能技术基础[M]. 北京: 北京大学出版社, 2022.

[35] 颜少林. AI大模型[M]. 北京: 清华大学出版社, 2024.

[36] 韩晓晨. 多模态大模型：从理论到实践[M]. 北京: 清华大学出版社, 2025.

[37] WANG Y, CHEN X, MA X, et al. Lavie: High-quality video generation with cascaded latent diffusion models[J]. International Journal of Computer Vision, 2025, 133(5): 3059–3078.

[38] LU J, XIONG C, PARIKH D, et al. Knowing when to look: Adaptive attention via a visual sentinel for image captioning[C]//Proceedings of the IEEE/CVF conference on computer vision and pattern recognition. 2017: 375–383.

[39] 王洪亮, 徐婵婵. 人工智能艺术与设计[M]. 北京: 中国传媒大学出版社: 2022.

[40] 袁琳, 许嘉贝, 杨海燕. 人工智能生成内容AIGC在大型体育赛事中的应用场景、现实困囿与纾解路径[J]. 文体用品与科技, 2025(6):196–198.